高职高专"十三五"规划教材·计算机类

Flash CC 整站动画项目实战

郭 娟 刘志杰 主 编

西安电子科技大学出版社

内 容 简 介

本书主要介绍二维矢量动画设计软件 Flash CC 的操作知识,书中以"四季沐歌"为主题,使用 Flash CC 软件综合制作一个纯 Flash 网站,包括"项目综述"和五篇主题内容。其中每篇都是独立的小项目,最终将所有小项目整合为一个大项目。本书内容循序渐进,经过整体规划和有步骤的训练,可使读者在实际操作中全面深入地掌握二维动画设计流程和制作技法。

本书包括"项目综述""春花弄蝶""夏荷浮翠""秋风瑟瑟""冬雪霏霏""四季沐歌"六个部分,全书将基础知识和案例练习相结合,先进行基本技能训练,再经过创意设计完成各个项目。

本书配套资源丰富,不仅在"项目综述"里详细列出了工作内容及能力目标、项目分解及学时安排、实施步骤等,还另外制作了其他课程资源,包括 PPT 课件 6 个、微课视频 55 个、项目源文件 49 个、实训指导书 2 个、课后思考及答案 5 个、项目考核方案及考核表 8 个。

本书可作为二维动画设计和制作的初、中级学习教材,也可作为有一定 Flash CC 软件操作基础的读者的学习参考用书。

图书在版编目(CIP)数据

Flash CC 整站动画项目实战/郭娟,刘志杰主编. — 西安:西安电子科技大学出版社,2017.10
(高职高专"十三五"规划教材·计算机类)

ISBN 978-7-5606-4708-1

Ⅰ. ① F… Ⅱ. ① 郭… ② 刘… Ⅲ. ① 动画制作软件 Ⅳ. ① TP391.414

中国版本图书馆 CIP 数据核字(2017)第 233047 号

策划编辑 刘小莉

责任编辑 高雯婧 阁 彬

出版发行 西安电子科技大学出版社(西安市太白南路 2 号)

电 话 (029)88242885 88201467 邮 编 710071

网 址 www.xduph.com 电子邮箱 xdupfxb001@163.con

经 销 新华书店

印刷单位 陕西利达印务有限责任公司

版 次 2017 年 10 月第 1 版 2017 年 10 月第 1 次印刷

开 本 787 毫米×1092 毫米 1/16 印 张 18

字 数 426 千字

印 数 1 ～ 3000 册

定 价 35.00 元

ISBN 978-7-5606-4708-1/TP

XDUP 5000001−1

***** 如有印装问题可调换 *****

前　言

动画从表现形式上主要分为二维动画和三维动画两种。Flash 是一款经典的二维矢量动画设计软件，它将音乐、声效、动画以及富有新意的界面融合在一起，以制作出高品质的动态效果。本书以"四季沐歌"为主题，使用 Flash CC 软件综合制作一个纯 Flash 网站，包括"项目综述""春花弄蝶""夏荷浮翠""秋风瑟瑟""冬雪霏霏""四季沐歌"六个部分，各个部分的主要内容如下：

(1) "项目综述"概括介绍了本课程的教学方法、学习目标、学时安排、实施步骤、考核方案等内容，并全面详细地讲解了二维动画设计相关的基本理论知识，包括基本概念、制作流程、专业术语、工作界面等内容。

(2) 第 1 篇"春花弄蝶"以春天来了为主题，在轻松愉快的春天背景图上，美丽的蝴蝶翩翩起舞。该项目通过绘制蝴蝶和春天背景，综合训练矢量绘图技能，通过制作蝴蝶翩翩飞舞的动画，综合训练逐帧动画制作技术。

(3) 第 2 篇"夏荷浮翠"以记忆中的初夏为主题，制作微风轻拂、小雨沙沙的动画效果，描绘一幅美轮美奂的荷塘听雨图。该项目通过制作下雨动画效果，综合训练帧的操作、元件的操作以及补间动画制作技法。

(4) 第 3 篇"秋风瑟瑟"以梦回故里为主题，制作秋风吹落竹叶的动画。该项目通过制作竹子随风而动的动画效果，综合训练补间动画和形状补间动画的制作技法，同时进一步强化元件设计和管理技能。

(5) 第 4 篇"冬雪霏霏"以冬日恋歌为主题，描绘一幅静谧安逸的雪景图。该项目通过制作雪花飘落和扫光文字的动画效果，综合训练引导层动画和遮罩动画制作技法，同时进一步提高学生动画审美能力和策划能力。

(6) 第 5 篇"四季沐歌"以沐浴四季为主题，将前面四个项目整合成一个 Flash 整站，描绘和感受生命的美好。本项目通过 Flash 整站的制作，训练交互功能制作技法，同时体会 Action Script 3.0 语言编程方法。

本书含有教学课件、微课、实训、课后思考题及附录考核表，并在书中相应位置生成二维码，读者扫描后即可观看。本书还提供源文件，有需要的读者可在西安电子科技大学出版社官网(www.xduph.com)下载。

本书由山东职业学院郭娟、刘志杰担任主编。编者在本书的编写过程中付出了很多努力和心血，并将多年的工作经验毫无保留地奉献给了读者。由于编者水平有限，加之时间仓促，不足之处仍在所难免，敬请广大读者批评指正。

感谢您阅读本书，请将您的宝贵建议和意见发送至：xiaoguo0531@126.com。

编 者

2017 年 8 月

目　录

项目综述 1

任务一　基础知识 8

什么是动画 8

一、动画的概念 8

二、动画的分类 9

三、Flash 动画的特点 10

Flash 动画应用领域及发展前景 11

一、Flash 动画应用领域 11

二、Flash 动画发展前景 12

什么是 Flash 网站 13

一、Flash 网站的概念 13

二、Flash 网站的特点 13

商业 Flash 网站制作流程 14

任务二　专业术语 14

图的分类 14

一、位图 14

二、矢量图 15

图层 16

帧 16

一、帧和帧频 16

二、帧的分类 17

舞台和工作区 17

一、舞台 17

二、工作区 17

三、场景 17

任务三　基本操作 18

创建 Flash 文档 18

一、Flash 文件类型 18

二、新建和保存 Flash 文档 18

三、文档设置 18

Flash 工作界面 19

一、菜单栏 20

二、工具箱 20

三、时间轴 21

四、浮动面板 23

Flash 软件辅助工具 23

一、标尺 23

二、网格 23

三、辅助线 23

四、放大镜和手形工具 24

第 1 篇　春花弄蝶 25

1.1　知识准备 26

1.1.1　帧的使用 26

1.1.2　图层的使用 28

1.1.3　绘图工具的使用 29

1.1.4　颜色设置 32

1.1.5　变形工具的使用 36

1.1.6　认识元件 39

1.1.7　动画原理 42

1.2　技能训练 46

1.2.1　绘制卡通图 46

1.2.2　绘制彩虹 52

1.2.3　绘制水晶铅笔 57

1.3　项目实施 63

1.3.1　构思和设计 63

1.3.2　绘制背景图 65

1.3.3　绘制蝴蝶 72

1.3.4　制作动画 78

1.3.5　添加字幕和声音 83

1.3.6　项目总结 85

1.4　拓展训练 88

1.4.1　答辩和评价 88

1.4.2　资料归档 89

1.4.3　课后思考 90

第2篇　夏荷浮翠 ………………… 93
  2.1　知识准备 …………………… 94
    2.1.1　钢笔工具的使用 ……… 94
    2.1.2　认识补间动画 ………… 97
    2.1.3　元件与实例 ………… 101
    2.1.4　图形元件 …………… 101
    2.1.5　影片剪辑元件 ……… 105
    2.1.6　图形元件与影片剪辑元件 … 106
  2.2　技能训练 ………………… 106
    2.2.1　绘制动漫人物 ……… 106
    2.2.2　制作钟表动画 ……… 117
    2.2.3　制作风吹字 ………… 127
  2.3　项目实施 ………………… 133
    2.3.1　构思与设计 ………… 133
    2.3.2　绘制背景图 ………… 135
    2.3.3　绘制前景 …………… 139
    2.3.4　制作下雨动画 ……… 147
    2.3.5　项目总结 …………… 153
  2.4　拓展训练 ………………… 155
    2.4.1　答辩和评价 ………… 155
    2.4.2　资料归档 …………… 156
    2.4.3　课后思考 …………… 156

第3篇　秋风瑟瑟 ………………… 159
  3.1　知识准备 ………………… 160
    3.1.1　绘图纸外观的应用 … 160
    3.1.2　滤镜的使用 ………… 162
    3.1.3　认识补间形状 ……… 165
    3.1.4　库的使用 …………… 167
    3.1.5　声音编辑 …………… 168
    3.1.6　信息面板和对齐面板 … 174
  3.2　技能训练 ………………… 177
    3.2.1　制作镜头动画 ……… 177
    3.2.2　制作灯光字幕 ……… 180
  3.3　项目实施 ………………… 184
    3.3.1　构思与设计 ………… 184
    3.3.2　创建竹子元件 ……… 186
    3.3.3　制作竹子动画 ……… 189
    3.3.4　添加字幕和音乐 …… 191

    3.3.5　项目总结 …………… 194
  3.4　拓展训练 ………………… 198
    3.4.1　答辩和评价 ………… 198
    3.4.2　资料归档 …………… 199
    3.4.3　课后思考 …………… 200

第4篇　冬雪霏霏 ………………… 202
  4.1　知识准备 ………………… 203
    4.1.1　遮罩动画 …………… 203
    4.1.2　引导层动画 ………… 205
    4.1.3　动画发布设置 ……… 206
    4.1.4　动画色彩设计基础 … 208
    4.1.5　动画剧本 …………… 215
  4.2　技能训练 ………………… 216
    4.2.1　制作卷轴画 ………… 216
    4.2.2　制作蝴蝶飞舞 ……… 219
    4.2.3　制作毛笔字 ………… 221
  4.3　项目实施 ………………… 225
    4.3.1　构思与设计 ………… 225
    4.3.2　制作下雪动画 ……… 227
    4.3.3　制作扫光字 ………… 229
    4.3.4　项目总结 …………… 230
  4.4　拓展训练 ………………… 233
    4.4.1　答辩和评价 ………… 233
    4.4.2　资料归档 …………… 234
    4.4.3　课后思考 …………… 235

第5篇　四季沐歌 ………………… 238
  5.1　知识准备 ………………… 238
    5.1.1　认识交互 …………… 238
    5.1.2　按钮元件的使用 …… 239
    5.1.3　Action Script 3.0 基础 … 240
    5.1.4　动作面板 …………… 242
    5.1.5　行为和组件 ………… 243
  5.2　技能训练 ………………… 244
    5.2.1　制作换发型动画 …… 244
    5.2.2　制作全屏和退出 …… 248
  5.3　项目实施 ………………… 251
    5.3.1　构思与设计 ………… 251

5.3.2 设计首页效果图 253

5.3.3 制作导航按钮 261

5.3.4 整合网站 263

5.3.5 项目总结 266

5.4 拓展训练 267

5.4.1 答辩和评价 267

5.4.2 资料归档 268

5.4.3 课后思考 270

附录 273

附录 1 项目考核教师评价表 273

附录 2 项目考核小组互评及自我
评价表 274

附录 3 项目考核教师评价综合成绩
登记表 275

附录 4 项目考核学生互评综合成绩
登记表 276

附录 5 项目考核自我评价综合成绩
登记表 277

附录 6 综合成绩登记表 278

附录 7 常用快捷键 279

项 目 综 述

【项目描述】

　　随着网站设计功能日益完善,静态的网页设计已经满足不了人们的需求。而 Flash 动画能够实现网页设计的个性化和多样化,目前很多网站大量使用 Flash 动画,甚至整站都使用 Flash 来制作。Flash 网站又称纯 Flash 网站,它将音乐、声效、动画以及富有新意的界面融合在一起,以制作出高品质的网页动态效果,在视觉效果、互动效果等多方面具有很大优势。

　　本书以"四季沐歌"为主题,综合制作一个个人纯 Flash 网站,用于介绍自我和展示自己的二维动画作品。网站包括首页、春花弄蝶、夏荷浮翠、秋风瑟瑟、冬雪霏霏五个栏目,每个栏目为一个完整的动画作品,最后将五个作品整合为一个 Flash 网站,并实现交互功能。通过对五个栏目动画作品的制作和网站整合,完成软件学习和各种形式动画的训练。在项目制作过程中,教师将提供参考效果和技术要求,学生可以充分发挥自己的想象力和创造力进行界面设计和动画设计。"四季沐歌"Flash 网站参考效果图如图 0-0-1 所示。

图 0-0-1　项目效果图

【教学方法】

"四季沐歌"Flash 网站整个项目开发采用 CDIO 工程教学模式和项目化教学模式相结合的方法。CDIO 工程教学模式是近年来国际工程教育改革的最新成果，CDIO 代表构思(Conceive)、设计(Design)、实现(Implement)和运作(Operate)。其中，"构思"包括需求分析、制订计划等，"设计"包括图纸设计、方案设计等，"实现"是指按照计划实施方案完成产品，"运作"是指产品使用、评估和改进等。CDIO 工程教育模式以产品研发到产品运行的生命周期为载体，让学生在企业与社会环境中主动地通过实践来获取知识、技能和经验，同时培养个人职业素养以及人际交往能力。

项目化教学是培养学生实践能力的教学模式之一，该模式以项目为主线，以教师为引导，以学生为主体，学生在教师的管理和指导下，以小组为单位完成信息收集、方案设计、项目实施、评价反馈等工作，因而有利于调动学生学习的主动性、积极性和创造性，极大地提高了学生的操作技能、创新精神和合作意识。

"四季沐歌"Flash 网站项目基于 CDIO 工程教育模式开展项目化教学，便于学生的能力培养和教师的能力提升。这种教育模式将学生和教师置身于企业与社会环境中，学生通过自组织学习和协作学习，培养实际工作能力以及人际交往能力，教师通过项目管理和答疑解惑及时更新技能，提升自我。教师和学生之间相互交流、相互启发、相互补充，同时彼此之间进行情感交流，从而达到共识、共享、共进，实现教学相长与共同发展。

【学习指南】

教学过程全部在机房进行，采用讲、练结合的方式，教师先讲解课程内容，学生听完后进行实践操作，现场消化理解。学员实践操作的同时，教师进行个别辅导，实现"学做"合一。

1. 打好基础

深刻理解 Flash 动画中的基本理论和专业术语，熟练操作软件的各项菜单和命令。

2. 动手操作

全面掌握 Flash 软件后，可以尝试一些简单的动画作品制作，选取一些比较有代表性又简单的作品进行尝试，提高自身制作水平。

3. 吸取经验

优秀的 Flash 作品除了高超的技术水平，构思和创意也非常独特，可从中分析别人的制作技巧，发现作品的亮点，将学到的知识应用到自己的作品中。

4. 加强交流

访问一些知名的 Flash 网站和论坛，与一些 Flash 爱好者一起学习探讨，交流经验。

【工作内容及能力目标】

基于 CDIO 工程教育模式的二维动画课程项目设计，以项目的构思、设计、实现、运作为主线，工作内容及能力目标如表 0-0-1 所示。

表 0-0-1　工作内容及能力目标

任务阶段	工　作　内　容	职业能力目标
任务1：构思	1. 学习基础知识 2. 练习软件相关操作 3. 搜索和欣赏优秀作品 4. 初步确定主题 5. 制订项目计划表	1. 能够通过网络快速搜索到所需资料 2. 能够借助各种资料自主学习 3. 有丰富的想象力和创造力 4. 有一定的审美感受力和鉴赏能力 5. 有一定的项目规划能力
任务2：设计	1. 确定主题思想 2. 撰写动画剧本 3. 设计作品风格 4. 绘制分镜头脚本(必要时)	1. 有较强的场景和角色设计能力 2. 有一定的色彩感受力和构图能力 3. 能够合理安排时间并制订计划 4. 有较好的书面表达能力
任务3：实现	1. 执行项目计划表 2. 分场景、分步骤完成动画 3. 独立修改和精细化动画 4. 相互提出建议和修改作品	1. 有深厚的绘画功底和熟练的软件技能 2. 有较好的自我管理和自我控制能力 3. 有较强的沟通交流能力 4. 有较强的团队合作意识
任务4：运作	1. 整理库，优化时间轴 2. 整合动画，调试动画 3. 发布和展示作品 4. 项目资料上交归档	1. 有较强的错误排查和处理能力 2. 有较强的语言表达能力 3. 有一定的表演能力 4. 有较好的资料整理能力

【项目分解及学时安排】

本项目紧紧围绕"四季沐歌"Flash 网站这个核心，以工程设计为导向，以工程能力培养为目标，细化工作内容，扩展传统学习效果。项目共计 72 学时，项目分解及学时安排如表 0-0-2 所示。

表 0-0-2　项目分解及学时安排

项目名称/学时	工作内容/学时	知识技能点
项目综述 (4 学时)	基础知识学习 (1 学时)	1. 动画的分类及特点 2. 二维动画应用领域及发展前景 3. Flash 网站的概念及特点 4. 商业 Flash 网站制作流程
	专业术语学习 (1 学时)	1. 图的分类及特点 2. 图层的概念和作用 3. 帧、关键帧、普通帧、帧频 4. 舞台和工作区
	基本操作练习 (2 学时)	1. 创建 Flash 文档 2. Flash 工作界面 3. Flash 辅助工具

续表一

项目名称/学时	工作内容/学时	知识技能点
第1篇：春花弄蝶 (14学时)	知识准备 (课前)	1. 帧的使用 2. 图层的使用 3. 绘图工具的使用 4. 颜色设置 5. 变形工具的使用 6. 认识元件 7. 动画原理
	技能训练 (6学时)	1. 绘制卡通图 2. 绘制彩虹 3. 绘制水晶铅笔
	项目实施 (6学时)	1. 构思和设计 2. 绘制背景 3. 绘制蝴蝶 4. 制作动画 5. 添加字幕和声音 6. 项目总结
	拓展训练 (2学时)	1. 答辩和评价 2. 资料归档 3. 课后思考
第2篇：夏荷浮翠 (14学时)	知识准备 (课前)	1. 钢笔工具的使用 2. 认识补间动画 3. 元件与实例 4. 图形元件 5. 影片剪辑元件 6. 图形元件与影片剪辑元件的区别
	技能训练 (6学时)	1. 绘制动漫人物 2. 制作钟表动画 3. 制作风吹字
	项目实施 (6学时)	1. 构思与设计 2. 绘制背景图 3. 绘制前景 4. 制作下雨动画 5. 项目总结
	拓展训练 (2学时)	1. 答辩和评价 2. 资料归档 3. 课后思考

项目名称/学时	工作内容/学时	知识技能点
第3篇：秋风瑟瑟 (14学时)	知识准备 (课前)	1. 绘图纸外观的应用 2. 滤镜的使用 3. 认识补间形状 4. 库的使用 5. 声音编辑 6. 信息面板和对齐面板
	技能训练 (4学时)	1. 制作镜头动画 2. 制作灯光字幕
	项目实施 (8学时)	1. 构思与设计 2. 绘制一根竹子 3. 制作竹子动画 4. 添加字幕和音乐 5. 项目总结
	拓展训练 (2学时)	1. 答辩和评价 2. 资料归档 3. 课后思考
第4篇：冬雪霏霏 (14学时)	知识准备 (课前)	1. 遮罩动画 2. 引导层动画 3. 动画发布设置 4. 动画色彩设计基础 5. 动画主题与创意
	技能训练 (6学时)	1. 制作卷轴画 2. 制作蝴蝶飞舞 3. 制作毛笔字
	项目实施 (6学时)	1. 构思与设计 2. 制作下雪动画 3. 制作扫光字 4. 项目总结
	拓展训练 (2学时)	1. 答辩和评价 2. 资料归档 3. 课后思考

续表三

项目名称/学时	工作内容/学时	知识技能点
第5篇：四季沐歌 (12学时)	知识准备 (课前)	1. 认识交互 2. Action Script 3.0 基础 3. 动作面板 4. 行为和组件
	技能训练 (4学时)	1. 制作换装游戏 2. 制作加载动画
	项目实施 (6学时)	1. 构思与设计 2. 设计首页效果图 3. 制作导航动画 4. 整合网站 5. 项目总结
	拓展训练 (2学时)	1. 答辩和评价 2. 资料归档 3. 课后思考

【实施步骤】

结合 CDIO 工程教育模式的基本思想，以构思、设计、实现、运作为主线实施项目，在项目实施过程中，充分体现学生的主体地位和教师的主导地位。在原有知识、技能、能力培养的基础上，着重培养学生设计思维与创新能力、沟通表达与团队合作能力以及工作责任感，同时养成良好的工作习惯和正确的价值观。基于 CDIO 工程教育模式的项目实施方案如图 0-0-2 所示。

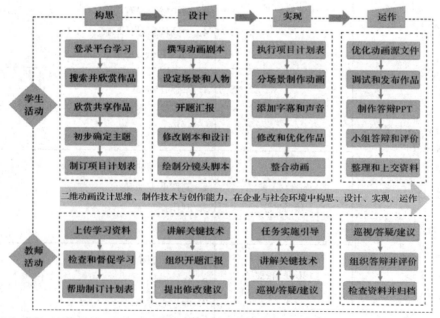

图 0-0-2　项目实施方案

【考核方案】

"四季沐歌"Flash网站项目基于CDIO工程教学模式,更加注重学习的过程性,学习效果即时可测,因而适宜采用过程考核的方式,将教师评价、学生自评和小组互评相结合,通过项目答辩对学生的操作技能、方法策略、工作态度等方面进行全面的综合性评价,以引导学生总结和改进自己的学习与工作策略。

每个作品完成后,小组合作制作演示文稿,组长演示作品并答辩,其他小组成员进行补充。学生的最终成绩由三个项目的成绩按照比重计算得出,每个项目的成绩由三方评价按照比重计算得出。由教师制订详细的评价表,评价内容由作品效果和职业能力两个方面组成,其中作品效果包括主题构思、技术应用、艺术效果等技术知识和推理方面的评价,职业能力包括交流表达、设计创新、自我管理、与人合作等个人与职业技能方面的评价。

"四季沐歌"Flash网站项目采用教师评价、小组互评、自我评价相结合的方法,评价主体及考核方案如表0-0-3所示。

表 0-0-3　评价主体及考核方案

评价主体	考 核 方 案	权　重
教师评价	1. 共计五个项目,每个项目得出该项目成绩,详见附录1"项目考核教师评价表"、附录2"项目考核小组互评及自我评价表" 2. 分别取所有项目成绩的平均分作为教师评价、小组互评和自我评价的综合成绩,详见附录3"教师评价综合成绩登记表"、附录4"小组互评综合成绩登记表"、附录5"自我评价综合成绩登记表" 3. 将教师评价、小组互评和自我评价的综合成绩按权重计算得出学生该项目课程考核的综合成绩,详见附录6"项目课程考核综合成绩登记表"	0.8
小组互评		0.1
自我评价		0.1

评价内容将项目作品(专业知识和技能)、方法能力和社会能力相融合,立足学生未来的职业生涯,突出能力本位和素质教育。每个子项目考核满分100分,详见附录1"项目考核教师评价表"、附录2"项目考核小组互评及自我评价表"。

每个作品考核内容包括以下三个方面:

1. 作品效果

作品效果方面主要考核学生的专业知识和技能,满分100分,占该项目成绩的70%。

2. 方法能力

方法能力方面主要考核学生制订方案和解决问题的能力,满分100分,占该项目成绩的15%。

3. 社会能力

社会能力方面主要考核学生的沟通能力和团队协作精神,满分100分,占该项目成绩的15%。

4. 综合表现

在学习过程中,对于能标新立异,找出与众不同的解决问题方法的同学,或总是先于其他同学找出解决实际问题或难题的方法的同学有 5～10 分的奖励分，总分数超过 100 分时按 100 分计。项目考核内容及指标见表 0-0-4。

表 0-0-4　考核内容及指标

考核内容	权重	内容分解	分值	指　　标
作品效果 (专业知识和技能)	0.7	操作规范	30	图形大小和比例符合行业规范 能够正确并熟练使用线条、矩形、圆形、铅笔等绘图工具，能够熟练使用选择工具和填充工具
		素材准备	10	素材准备齐全，能够综合利用互联网技术下载所需素材，能够根据项目需求正确处理素材
		动画制作	40	图形尺寸符合要求，图层分层合理，线条流畅，画面饱满，构图美观 能够运用色彩原理选择色彩，色彩搭配合理、美观，透视关系正确
		作品创意	20	能够在完成项目内容的基础上，增加自己的创意，设计新颖，绘图美观
方法能力	0.15	制订方案	50	能够根据项目要求制订实施方案，工作过程逻辑明确
		问题解决	50	遇到困难时解决问题方式得当
社会能力	0.15	沟通能力	50	能够积极主动地与人交流，能够正确理解他人的发言并顺畅表达自己的观点
		团队精神	50	小组合作时具有团队协作精神，并对自己的工作任务具有责任感

<h1 style="text-align:center">任务一　基　础　知　识</h1>

<h2 style="text-align:center">❖　什么是动画　❖</h2>

一、动画的概念

动画是一种综合艺术门类，是工业社会人类寻求精神解脱的产物，它是一种集合了绘画、漫画、电影、数字媒体、摄影、音乐、文学等众多艺术门类于一身的艺术表现形式。

动画的英文有很多表述，如 animation、cartoon、animated cartoon、cameracature。其中较正式的"animation"一词源自于拉丁文字根 anima，意思为"灵魂"，动词 animate 是"赋予生命"的意思，引申为使某物活起来，所以动画可以定义为使用绘画的手法，创造生命运动的艺术。

什么是 Flash 动画

同样作为多媒体技术中重要的媒体形式，动画与视频有着很深的渊源。动画和视频经常被认为是同一个东西，主要是源于它们都属于"动态图像"的范畴。然而，动画和视频事实上是两个不同的概念，动画的每帧图像都是由人工或计算机产生的，视频的每帧图像都是通过实时摄取自然景象或者活动对象获得的。

二、动画的分类

动画从表现形式上主要分为二维动画和三维动画两种。

1. 二维动画

二维动画是平面上的画面，无论画面的立体感有多强，都是在二维空间上模拟真实的三维空间效果。传统的二维动画是由水彩颜料画到赛璐璐片上，再由摄影机逐张拍摄记录而连贯起来的画面。计算机时代的来临，让二维动画得以升华，可将事先手工制作的原动画逐帧输入计算机，再由计算机帮助完成绘线上色的工作，并且由计算机控制完成纪录工作，如图 0-1-1 所示。

图 0-1-1　二维动画效果图

2. 三维动画

三维动画也称 3D 动画，三维画面中景物有正面、侧面和反面，调整三维空间的视点能够看到不同的内容。三维动画技术模拟真实物体的方式使其成为一个有用的工具，广泛应用于医学、教育、军事、娱乐等诸多领域，如图 0-1-2 所示。

图 0-1-2　三维动画效果图

　　同一角色既可以制作成二维效果，也可以制作成三维效果，它们各有特点，如图 0-1-3 所示。

(a) 二维效果　　　　　　　　　　　(b) 三维效果

图 0-1-3　　二维与三维动画效果图

三、Flash 动画的特点

　　Flash 是一款经典的二维矢量动画设计软件，Flash 动画是指使用 Flash 软件制作的，发布为 SWF 格式或者 EXE 格式的电脑动画，它将音乐、声效、动画以及富有新意的界面融合在一起，以制作出高品质的动态效果。

　　Flash 动画主要有以下特点：

　　(1) Flash 动画使用矢量图形和流式播放技术。与位图图形不同的是，矢量图形可以任意缩放尺寸而不影响图形的质量，流式播放技术使得动画可以一边播放一边下载，更利于网上传播。

　　(2) Flash 动画所生成的文件非常小，几千字节的动画文件已经可以实现许多令人心动的动画效果，用在网页设计上不仅可以使网页更加生动，而且小巧玲珑，下载迅速，使得动画可以在打开网页很短的时间里就得以播放。

　　(3) Flash 动画支持多种流媒体格式，把音乐、动画、声效、交互方式等多种媒体融合在一起，在情节和画面上往往更夸张起伏，致力在最短的时间内传达最深的感受，已经成为一种新时代的艺术表现形式。

　　(4) Flash 动画具有交互性优势，能够更好地满足受众需要，让欣赏者成为动画的一部分，通过点击、选择等动作决定动画的运行过程和结果，还可以制作很多中小型游戏。

　　(5) Flash 动画的制作相对比较简单，动画爱好者很容易就能成为动画制作者，一个人、一台电脑、一套电脑软件就可以制作出一段有声有色的动画。

　　(6) Flash 动画拥有强大的编程功能，制作者可以随心所欲地设计出高品质的动画和游戏，使 Flash 具有更大的设计自由度。

　　(7) Flash 动画能够大幅度降低制作成本，减少人力、物力资源的消耗。同时，在制作时间上也会大大减少。Flash 制作的动画可以同时在网络与电视台播出，实现一片两播。

❖ **Flash 动画应用领域及发展前景** ❖

一、Flash 动画应用领域

Flash 动画广受各行各业青睐，继席卷网页设计、网络广告之后，已经在电影电视、动漫卡通、教育教学领域引领风骚。Flash 动画既可以创作出五彩斑斓的动漫类艺术作品，也可以创作出各种形式的非动漫类艺术作品。例如，需要较好绘画基础的动漫短片、电子贺卡等，不需要绘画基础的电子相册、多媒体汇报等，而电子杂志、多媒体课件、Flash 网站等则适合于动漫或者非动漫专业人员。

Flash 动画的
应用及发展

Flash 动画既可以一个人独立完成，也可以由编剧、美工、原画师、动画师、编程师、音效师等合作完成，如图 0-1-4～图 0-1-13 所示。

图 0-1-4　电子相册

图 0-1-5　电子书

图 0-1-6　多媒体汇报片

图 0-1-7　网站建设

图 0-1-8　电子贺卡

图 0-1-9　动漫短片

图 0-1-10　Flash 游戏图　　　　　　　　　图 0-1-11　Flash MV

图 0-1-12　电视广告　　　　　　　　　图 0-1-13　Flash 教学课件

二、Flash 动画发展前景

1. 应用程序开发

由于独特的跨平台特性、灵活的界面控制以及多媒体技术的使用，Flash 应用程序具有很强生命力，在与用户的交流方面具有无可比拟的优势。

2. 软件系统界面开发

Flash 对于界面元素的可控性和它所表达的效果无疑具有很大的诱惑，对于软件系统的界面，Flash 所具有的特性完全可以为用户提供一个良好的接口。

3. 手机领域开发

手机领域开发将会对精确(像素级)的界面设计和 CPU 使用分布的操控能力有更高的要求，但同时也意味着更广泛的使用空间。

4. 游戏开发

Flash 主要应用于中、小型游戏的开发，Flash 软件提供了项目管理和代码维护方面的功能，AS3.0 也使程序更加容易维护和开发。

5. 网站建设

Flash 整站能够实现全面的控制、无缝的导向跳转、更丰富的媒体内容、更体贴用户的流畅交互、跨平台和瘦客户端的支持以及与其他 Flash 应用方案无缝连接集成等。

❖ 什么是 Flash 网站 ❖

一、Flash 网站的概念

Flash 网站又称纯 Flash 网站、Flash 整站，多以动画为主要表现形式，在视觉效果和互动效果上更加美观、动感，能够获得较高的用户体验。由于 Flash 网站基本以图形和动画为主，所以比较适合文字内容不多，以平面和动画效果为主的应用，广泛应用于房地产、汽车和奢侈品等高端行业。

什么是 Flash 网站

未来是一个高用户体验的互联网时代，普通的网站已经很难满足日益高涨的用户需求，Flash 网站由于其强大的视觉冲击力在这种形式下成为网站发展的一种主要趋势。随着 Flash 技术的普及、网络带宽的提高、网站优化技术的逐渐成熟以及企业对用户需求的重视，Flash 网站会被越来越多的企业所接受，发展前景广阔。

二、Flash 网站的特点

Flash 网站主要有以下优势：

(1) 视觉优势。

Flash 网站以视觉效果为最大卖点，风格千变万化，给用户的第一感觉就是"酷炫"，这不仅仅是因为 Flash 网站添加了很多动画、动漫元素，更重要的是 Flash 网站在构架和创意上给人一种不可思议的感觉，这是一种更深层次的带有艺术感的感觉。

(2) 互动优势。

Flash 网站具有极强的用户互动性。在用户浏览网站过程中，Flash 网站可以加入互动元素，轻易实现网站与用户互动，吸引用户注意力。例如，游戏化的操作形式能够带来更多的新鲜感和获得用户更多的关注度。

(3) 创意优势。

Flash 网站是创意和艺术的结合，每个 Flash 网站都各有特点，不管是视觉冲击力，还是互动的娱乐性都需要网站开发人员从用户的角度出发，设计出符合用户体验的 Flash 高端网站。

Flash 网站主要有以下劣势：

(1) 投入比较大。

Flash 网站多为个性定制，制作成本比传统的网站高很多，网站修改和维护相对复杂。

(2) 编辑载入时间长。

Flash 网站会带有一定的用户交互系统、视频播放系统、音乐播放系统等，这都会给 Flash 网站载入增加不少的时间。

(3) 优化困难。

Flash 网站多以视频、音频、动画元素为主，很少有文字表达，而搜索引擎对于这些元素识别困难，因而 Flash 网站可能会导致搜索引擎排名下降。目前各搜索引擎正在逐渐强化多 Flash 动漫、动画图片等的识别和抓取技术。

❖　**商业 Flash 网站制作流程**　❖

制作 Flash 网站和制作 HTML 网站类似，都需要经过前期策划、中期制作和后期维护的过程。

1. 客户调查

进行网站制作前期的客户调查，主要是确定网站的主要内容和功能，同时包括针对客户进行关于版式、色调、质感、音效等方面的调查和针对客户企业文化及项目形象的调查。

2. 方案设计

对"客户调查"进行分析并提炼项目可用信息，制订出网站内容结构关系图，包括首页、二级、三级等栏目目录。然后提炼一种或多种风格及样式，再依据提炼结果进行多种方案设计，包含加载页面、引导页、导航菜单、首页、内容页等。确定好网站风格、网站色调、网站质感、网站尺寸、网站版式、网站布局、Flash 框架后，整理所制作的方案，进行方案提交，并演示和讲解。

3. 效果图制作

根据确定的方案进行材料需求整理，由客户进行材料的准备和提供。然后进行首页和栏目页的页面版式设计，并制作出效果图，通过和客户沟通进行页面和细节的修改，最终确认方案。

4. Flash 制作

根据方案效果图，确定 Flash 框架，明确命名规则，分工制作各个页面，合成动画提交给客户进行动画整体方式的确认，根据与客户的沟通进行动画微调整，在添加细节效果后进行新版本的网站合成并提交客户。

5. 网站测试

上传网站到服务器，通过网络进行整体网站测试，以及问题的整理和讨论并对网站进行修改和调整。

任 务 二　专 业 术 语

❖　**图 的 分 类**　❖

一、位图

位图也称为点阵图像或绘制图像，是由单个点组成的，这些点可以进行不同的排列和染色以构成图像，如图 0-2-1 所示。当放大位图时，可以看见赖以构成整个图像的无数单个方块，称之为像素。位图的优点是只要

图和图层

有足够多的不同色彩的像素，就可以制作出色彩丰富的图像，逼真地表现出自然界的景象；缺点是缩放和旋转容易失真，同时文件容量较大。常用的位图处理软件有 Photoshop、画图等。

图 0-2-1　位图

二、矢量图

矢量图也称为面向对象的图像或绘图图像，矢量文件中的图形元素称为对象，每个对象都是一个自成一体的实体，它具有颜色、形状、轮廓、大小和屏幕位置等属性。矢量图是根据几何特性来绘制的图形，矢量可以是一个点或一条线，矢量图只能靠软件生成，文件占用内在空间较小，因为这种类型的图像文件包含独立的分离图像，可以自由无限制地重新组合，如图 0-2-2 所示。矢量图的优点是文件容量较小，在进行放大、缩小或旋转等操作时图像不会失真，适用于图形设计、文字设计和一些标志设计、版式设计等；缺点是不易制作色彩变化太多的图像。常用的矢量图软件有 Illustrator、Flash、CorelDraw 等。

图 0-2-2　矢量图

❖　图　层　❖

　　传统手绘是在一张画纸上画图，例如绘制一个笑脸，先画脸庞，再画眼睛、嘴巴等，画完以后如果要修改眼睛，必须擦除掉原来的眼睛重新画，这个时候很容易对脸庞或者嘴巴等其他图像造成破坏，只能反复修补，修改起来十分不方便。如果不是直接画在纸上，而是先在纸上铺一层透明的薄膜，把脸庞画在这张透明薄膜上，画完后再铺一层薄膜画上眼睛，再铺一张画嘴巴。将脸庞、眼睛、嘴巴分别放在三层透明薄膜上，如图 0-2-3 所示。

图和图层

图 0-2-3　图层

　　通过叠加形成的图像和画在一张纸上的图像在视觉效果上是一样的，但是分层绘制的作品具有很强的可修改性，如果觉得眼睛位置不对，可以单独移动眼睛所在的那层薄膜，也可以把这张薄膜丢弃重新再铺一张画眼睛，而其余的脸庞、鼻子、嘴巴等部分不会受到影响，因为它们被画在不同层的薄膜上，这种方式极大地提高了后期修改的便利度。

　　图层就好似一个透明的"薄膜"，而图层内容就画在这些"薄膜"上，如果"薄膜"什么都没有，这就是个完全透明的空图层，当各个"薄膜"都有图像时，上面一层的图像会覆盖下面一层的图像，自上而下俯视所有图层，就会形成一幅完整的图像。Flash 软件即是通过图层来绘制图像和制作动画的，首先在每个图层上绘制不同元素，再通过上下叠加的方式来组成整个图像。

❖　帧　❖

一、帧和帧频

　　帧是 Flash 动画制作的基本单位，每一个 Flash 动画都是由很多个精心雕琢的帧构成的，一帧就是一副静止的画面，连续的帧顺序播放就形成了动画。帧可以包含动画需要显示的所有内容，包括图形、声音、各种素材和其他多种对象。Flash 动画由第一帧开始，从左到右播放，帧频是动画的播放速度，以每秒播放的帧数为度量。Flash 软件中帧频默认是 24 帧为 1 秒，表示为 24 fps，意思是每秒播放 24 帧画面。

帧和帧频等术语

二、帧的分类

1. 关键帧

关键帧为有关键内容的帧，用来定义动画变化、更改状态，即编辑舞台上存在的实例对象并可对其进行编辑的帧。关键帧在时间轴上显示为实心圆。

2. 空关键帧

空关键帧是没有包含舞台上的实例内容的关键帧。空关键帧在时间轴上显示为空心圆。

3. 普通帧

普通帧在时间轴上能显示实例对象，但不能对实例对象进行编辑操作。普通帧在时间轴上显示为灰色填充的小方格。

❖　**舞台和工作区**　❖

一、舞台

舞台为文档中间白色区域，是绘制图形和制作动画的场所，SWF 播放文件中的内容只限于舞台上出现的对象。

二、工作区

工作区为舞台之外的灰色区域，也可以存放动画内容，工作区内的对象除非在某个时间进入舞台，否则在发布时不显示。

帧和帧频等术语

三、场景

新建一个 Flash 文档时，出现的白色区域背景即为动画播放的舞台，称作场景。场景就是专门用来容纳、包含图层里面的各种对象的平台，它相当于一块场地，上面可以摆放与动画相关的各种对象，同时，这个场地也是动画表演的舞台。

一个 Flash 文档默认只有一个场景，在做复杂的动画或者层次段落分明的动画时，一般需要用到多个场景，动画制作好以后会按照场景的先后顺序从上到下进行播放。选择菜单"窗口 > 其他面板 > 场景"命令，或者使用快捷键 Shift + F2，打开场景面板，即可对场景进行各项管理。

1. 新建场景

一般默认只有一个场景，单击场景面板下方的新建按钮即可新建一个场景，双击场景名称可以修改名称。

2. 删除场景

选中需要删除的场景，单击场景面板下方的删除按钮即可删除该场景，删除后场景中的所有图层和帧上的内容会一并删除。

3. 调整场景顺序

需要调整场景的播放顺序时，用鼠标拖动场景到相应位置即可。

任务三　基本操作

❖　创建 Flash 文档　❖

一、Flash 文件类型

1. 源文件

Flash 动画原始文档的扩展名是 .fla，可以直接编辑。Flash 源文件只能用对应版本或者更高版本的 Flash 软件才能打开。

2. 发布文件

Flash 动画发布后的文件后缀名为 .swf，无法直接编辑，可以使用 Flash 播放器或者网页浏览器打开。

新建文档和
工作界面

二、新建和保存 Flash 文档

1. 新建文档

启动 Flash CC 软件后，在新建列表单击即可新建一个 Flash 文档。

2. 保存文档

选择菜单"文件>保存"命令，或者使用快捷键 Ctrl + S，即可保存 Flash 文档。

三、文档设置

新建 Flash 文档后，可以进行属性设置，使用快捷键 Ctrl + J 打开文档设置对话框，可以修改动画尺寸、标尺单位、背景颜色、帧频等。一般情况下，Flash 动画尺寸以像素为单位，帧频为 24 fps，设置界面如图 0-3-1 所示。

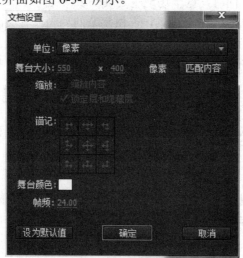

图 0-3-1　文档设置

❖　Flash 工作界面　❖

　　启动 Flash CC 后，工作界面如图 0-3-2 所示，顶部为菜单栏，左边为
工具箱，右边为浮动面板，底部为时间轴，中间部分为编辑区，可以按住
鼠标左键不动拖动面板来改变界面布局。

时间轴

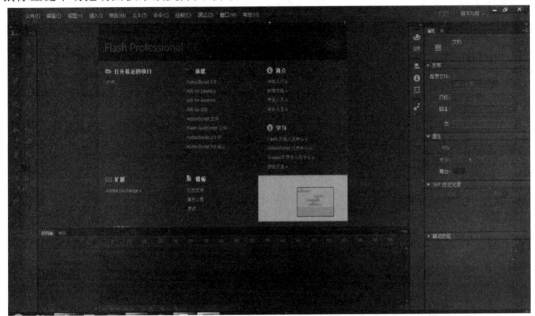

图 0-3-2　启动界面

在新建列表中单击 Action Script 3.0，即可新建一个 Flash 文档，如图 0-3-3 所示。

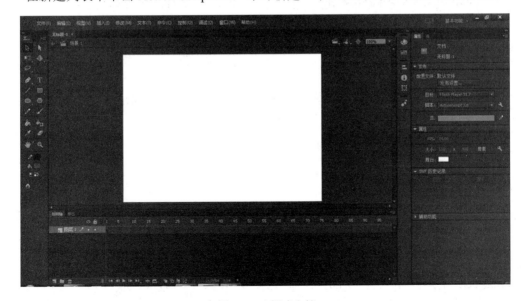

图 0-3-3　新建文档

一、菜单栏

在 Flash CC 中提供了 11 组菜单，大部分操作命令都会显示在这些下拉菜单中。

1. "文件"菜单

文件菜单主要用于一些基本的文件管理操作，例如打开、新建、关闭、导入等。

2. "编辑"菜单

编辑菜单主要用于一些基本的编辑操作，例如复制、粘贴、选择及相关设置等。快捷键的使用是提高工作效率的有效途径，Flash CC 允许用户设置不同的快捷键，通过"编辑>快捷键"菜单命令打开对话框，可以根据需要设置不同的快捷键。

3. "视图"菜单

视图菜单主要用于屏幕显示的控制，例如缩放、网格、贴紧和隐藏边缘等。

4. "插入"菜单

插入菜单主要提供插入命令，例如添加层、帧、场景等。

5. "修改"菜单

修改菜单主要用于修改动画中各个对象的属性，例如帧、层、场景等。

6. "文本"菜单

文本菜单主要用于编辑文本对象，例如字体、字号、段落等。

7. "命令"菜单

命令菜单提供了命令的功能集成，可以扩充这个菜单以添加不同的命令。

8. "控制"菜单

控制菜单相当于动画播放控制器，可以直接控制动画的播放进程和状态。

9. "调试"菜单

调试菜单提供了影片脚本的调试命令，例如跳入、跳出、设置断点等。

10. "窗口"菜单

窗口菜单提供了所有工具栏、编辑窗口和面板，是当前工作界面形式和状态的总控制器。

11. "帮助"菜单

帮助菜单提供了丰富的帮助信息。

二、工具箱

工具箱包含动画制作所需的图形绘制、填充颜色、视图查看等工具，当选中某一种工具时，下方还会显示该工具的设置选项。如果在当前工作界面没有显示工具箱，可以通过"窗口 > 工具"命令显示工具箱，或者使用快捷键 Ctrl + F2。

Flash CC 工具箱共分为四个部分，如图 0-3-4 所示。

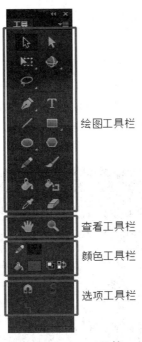

图 0-3-4   工具箱

1. 查看工具栏

查看工具栏包括放大镜和手形工具，放大镜工具用于放大或缩小视图，当舞台画面放大超出屏幕显示范围时，可以使用手形工具移动视图。

2. 颜色工具栏

颜色工具栏包括笔触颜色和填充颜色，笔触颜色用于设置线条轮廓的颜色，填充颜色用于设置色块的颜色。

3. 选项工具栏

选项工具栏用于对当前所使用的工具进行设置，选项内容随着当前所选工具的变化而变化，每个绘图工具都有自己相应的属性选项。

4. 绘图工具栏

绘图工具栏用于绘制图形和填充颜色。

三、时间轴

1. 时间轴的作用

时间轴是创作动画时组织和控制动画内容的窗口，时间轴上层和帧中的内容随时间的改变而发生变化，从而产生了动画。时间轴是动画播放的时间线，一般情况下，动画从左到右，一帧一帧地播放，如果遇到交互则根据交互响应跳转到相应的位置进行播放。

2. 时间轴的组成

时间轴主要由层、帧和播放头组成。时间轴的左边显示动画中的层，每个层的帧显示在它右边对应一行的每个小格中，红色的播放头用来指示当前帧。时间轴上部的帧编号用来标识帧的序号，时间轴下部的状态行用来指示当前帧编号、帧频、播放时间等信息。

3. 时间轴的使用

默认情况下，时间轴显示在 Flash 主窗口的底部，位于编辑区下方。通过编辑时间轴上的层和帧来制作动画，当时间轴窗口不能显示所有的层时，可以使用时间轴最右边的竖直滚动条查看其余的层；当时间轴窗口不能显示所有的帧时，可以使用时间轴底部的水平滚动条来查看其余的帧。时间轴的显示位置是可以改变的，可以把它停泊在主窗口下部或两边，或作为一个窗口单独显示，也可以隐藏起来，如图 0-3-5 所示。

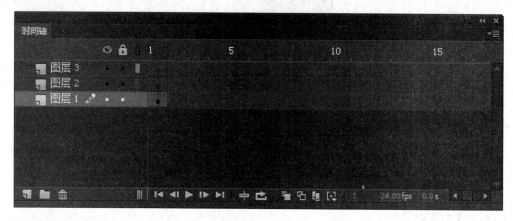

图 0-3-5　时间轴

(1) 移动时间轴。要移动时间轴时可以使用鼠标拖曳时间轴表头上面的区域，可以拖曳时间轴到 Flash 主窗口的边缘并停泊在那里。按住 Ctrl 键拖曳可以防止时间轴停泊而处于浮动状态。

(2) 加长或缩短层名域。要加长或缩短层名域，可以左右拖动时间轴中分隔层名和帧部分的分隔条。

(3) 调整时间轴大小。假如时间轴停泊在主窗口中，可以上下拖动分隔时间轴与主窗口的分隔条；假如时间轴没有停泊在主窗口中，可以拖动时间轴的右下角。

4. 设置时间轴外观

设置时间轴外观时点击时间轴右上角，在下拉菜单中可以看到时间轴外观的总体设置选项内容，时间轴上每一帧的宽度都可以变大或变小，默认大小是"一般"。

(1) 当场景需要同时显示更多帧的时候，可以选择"很小"或"小"选项，当不需要显示太多帧，防止操作出现失误时，可以选择"大"或"中"选项。

(2) "预览"选项可以在每一帧里实时观察每一帧内创建的内容，在制作逐帧动画时，可以很方便地从这里观察到每一帧的不同之处，缺点是预览图像主要显示有图形的范围，所以不能准确体现各种位置关系，而且预览图像不是足够大。

(3) "关联预览"可以看出每个图上各种元件及图形的位置关系，相当于是舞台的缩小显示。

(4) 当时间轴上已经有很多个层时，为了可以显示更多的层，可以选择"较短"选项，此设置在预览和关联预览状态下不可用。

(5) "显示彩色帧"选项用来设置关键帧背景灰或白显示，在预览和关联预览状态下没有效果。

（6）"关闭时间轴"选项可直接关闭时间轴面板，再次打开可以通过"窗口"菜单中的"时间轴"命令或者使用快捷键 Ctrl + Alt + T。

四、浮动面板

浮动面板是与动画编辑相关的控制面板及窗口，例如属性面板、颜色面板、库面板等，要显示或隐藏某个面板，选择"窗口"菜单下的相应命令即可。

❖ Flash 软件辅助工具 ❖

一、标尺

标尺是丈量对象尺寸的工具，使用标尺可以获得光标所在的坐标位置和动画对象放置的坐标位置，要显示标尺，可以通过单击"视图 > 标尺"菜单命令，快捷键为 Ctrl + Shift + Alt + R。

时间轴

二、网格

网格同样具有控制对象定位的功能，利用网格可以轻松地绘制机械图，要显示网格，可以通过"视图 > 显示网格"菜单命令。不同的动画需要的网格尺寸不一样，可以通过"视图 > 编辑网格"菜单命令打开对话框，设置网格的颜色、宽度、高度等，可以通过勾选复选框以激活"显示网格""在对象上方显示""紧贴网格"等功能，还可以通过单击"保存默认值"按钮保留这些应用。

三、辅助线

网格显示时总会覆盖住整个舞台，使舞台看起来比较乱，不便于观察，在大部分实际操作过程中并不需要太多的网格作辅助，Flash CC 提供了更为简便的辅助线功能。

1. 创建辅助线

在显示标尺的状态下，使用选择工具，将鼠标放在左侧的标尺上，按住左键不动向右拖曳，在合适的位置释放鼠标，即可创建一条竖直的辅助线。将鼠标放在顶部的标尺上，按住左键不动向下拖曳，在合适的位置释放鼠标，即可创建一条水平的辅助线。辅助线是可以随时移动定位的，按住鼠标左键拖动即可。

2. 更改辅助线颜色

在创建动画的过程中，可能会遇到辅助线的颜色与舞台上对象的颜色过于相近而不便观察的情况，可以通过"视图 > 辅助线 > 编辑辅助线"菜单命令打开辅助线对话框，设置辅助线颜色、是否显示辅助线、是否吸附到辅助线、是否锁定辅助线、贴紧精确度等选项。

3. 删除辅助线

需要删除辅助线时，可以将辅助线拖曳到舞台之外，也可以通过"视图 > 辅助线 > 清除辅助线"菜单命令，或者在辅助线对话框中选择"全部清除"命令。

四、放大镜和手形工具

1. 放大镜工具

当对象较为复杂时，可以放大视图以便观察细节，单击工具箱中的放大镜工具或者按下快捷键 Z，即切换到放大镜工具，在视图中单击则会放大显示对象。当需要观察全局效果时，切换到放大镜工具，按下 Alt 键的同时单击视图则会缩小显示对象。

2. 手形工具

当放大视图时，视图超出屏幕显示范围，舞台下方和右侧会出现滚动条，拖动滚动条可以看到不同区域的视图内容。通过手形工具拖动视图可以更便捷地观察内容，单击工具箱中的手形工具或者按下快捷键 H，即切换到手形工具。在其他工具使用的状态下，按住空格键不动，可以临时切换到手形工具，松开空格键，即回到之前使用的工具状态。

第 1 篇　春 花 弄 蝶

【项目描述】

　　盼望着，盼望着，东风来了，春天的脚步近了……"春花弄蝶"项目通过绘制春天背景和制作蝴蝶飞舞的动画，描绘出一个万物复苏、生机勃勃的画面。

　　"春花弄蝶"图像通过对春天背景的绘制训练使用各种工具绘制矢量图形，并填充和编辑色彩的能力。矢量图根据几何特性来绘制图形，它的优点是放大后图像不会失真，缺点是难以表现色彩层次丰富的逼真图像效果，矢量绘图是制作二维动画的基础。

　　"春花弄蝶"动画通过制作蝴蝶翩翩飞舞的动画训练逐帧动画制作技术。逐帧动画是一种常见的动画形式，也是二维动画的常用手段，其原理是在"连续的关键帧"中分解动画动作，也就是在时间轴的每帧上逐帧绘制不同的内容，使其连续播放而形成动画。逐帧动画具有非常大的灵活性，几乎可以表现任何想表现的内容，逐帧动画类似电影的播放模式，很适合于表现细腻的动画。

　　"春花弄蝶"动画效果图如图 1-0-1 所示。

图 1-0-1　"春花弄蝶"动画效果图

【知识技能点】

　　工具箱；颜色面板；变形面板；逐帧动画；帧；元件。

【训练目标】

(1) 能够综合使用绘图工具绘制矢量图形，结构比例合理，线条流畅。

(2) 掌握变形面板各项参数的含义和作用，并能够熟练进行变形、旋转和翻转操作，透视和变形合理。

(3) 能够运用色彩原理设计颜色，并能够熟练使用色彩工具填充和调整色彩。

(4) 能够根据色彩原理熟练配置渐变色彩，并能够熟练操作渐变色调整工具，正确表现出图形的明暗关系和立体感。

(5) 理解帧的概念，掌握不同类型帧的含义和使用方法，能够选择正确的帧类型。

(6) 理解元件概念，理解图形元件和影片剪辑元件的区别，能够根据动画制作需要正确创建不同类型的元件并进行属性设置。

(7) 能够将动画技法应用到二维动画制作过程中，理解和分解关键动作，并分别绘制到关键帧中，熟练制作出逐帧动画。

(8) 能够通过各种媒体资源搜索并处理素材。

(9) 审美能力得到进一步提升。

(10) 能够对训练项目举一反三，灵活运用。

(11) 通过小组合作，沟通能力、制订方案和解决问题能力进一步得到加强。

1.1　知　识　准　备

1.1.1　帧的使用

一、插入帧

1. 插入一个新帧

选择菜单"插入 > 时间轴 > 帧"，或用鼠标右键单击时间轴，在弹出的快捷菜单中选择"插入帧"，会在当前帧的后面插入一个新帧。

帧的使用

2. 插入一个关键帧

选择菜单"插入 > 时间轴 > 关键帧"，或用鼠标右键单击时间轴，在弹出的快捷菜单中选择"插入关键帧"，会在播放头位置插入一个关键帧。

3. 插入一个空白关键帧

选择菜单"插入 > 时间轴 > 空白关键帧"，或用鼠标右键单击时间轴，在弹出的快捷菜单中选择"插入空白关键帧"，会在播放头位置插入一个空白关键帧。

二、选择帧

1. 选择单个帧

需要选择单个帧时，单击即可。

2. 选择多个帧

需要选择多个不连续的帧时，按住 Ctrl 键的同时单击其他帧；要选择多个连续的帧时，按住 Shift 键的同时单击其他帧，按住鼠标左键不动进行框选也可以选择多个连续区域范围内的帧。

3. 选择所有帧

需要选择时间轴中某个图层上的所有帧时，单击图层名称所在的位置；要选择整个静态帧范围时，双击两个关键帧之间的帧。

三、移动、复制和删除帧

1. 移动帧

移动关键帧时只要用鼠标选中需要移动的帧，拖曳至目标位置释放即可。

2. 复制和粘贴帧

方法一：选中关键帧，单击鼠标右键，在弹出的快捷菜单中选择"复制帧"，然后在需要粘贴的位置单击鼠标右键，在弹出的快捷菜单中选择"粘贴帧"。

方法二：选中关键帧，按住 Alt 键不放，按住鼠标左键不动拖曳至待粘贴的位置释放即可。

3. 删除帧

删除帧或关键帧的方法很简单，只要选中需要删除的帧或关键帧，单击鼠标右键，在弹出的快捷菜单中选择"删除帧"即可。

4. 清除帧

选中关键帧，单击鼠标右键，在弹出的快捷菜单中选择"清除帧"，即可清除帧和关键帧中的内容。被清除以后的帧内部将没有任何内容，该帧将转换为空白关键帧。

四、转换帧

1. 转换单个帧

要转换单个帧，可以选中目标帧，然后单击鼠标右键，在弹出的快捷菜单中选择"转换为关键帧 > 转换为空白关键帧"。

2. 转换多个帧

要转换多个帧，可以使用 Shift 键和 Ctrl 键选择需要转换的帧，然后单击鼠标右键，在弹出的快捷菜单中选择"转换为关键帧 > 转换为空白关键帧"。

3. 翻转帧

拖动鼠标选取多个图层上的多个帧，即选取一段动画，单击鼠标右键，在快捷菜单中选择"翻转帧"命令，可以颠倒动画播放的顺序。

五、帧操作快捷键

<F5>：插入帧(非关键帧)；

<F6>：插入或转换为关键帧，并复制前一关键帧的内容；

<F7>：插入或转换为空白关键帧；

<Shift + F5>：删除帧；

<Shift + F6>：清除关键帧；

<Ctrl + Alt + C>：复制帧；

<Ctrl + Alt + X>：剪切帧；

<Ctrl + Alt + V>：粘贴帧。

1.1.2　图层的使用

使用时间轴上层部分的控件，可以进行层操作。

图层的使用

一、新建图层

1. 创建新图层

新建文档后默认时间轴上只有一个图层，名称为"图层 1"，单击时间轴左侧图层列表区底部的新建图层图标，即在当前图层的上方增加一个新的空白图层，名称为"图层 2"。

2. 重命名图层

单击某一图层即选择当前图层，当前图层颜色为棕色底色。双击图层名称可以进行修改，必要时可以以新建图层文件夹来管理部分图层。

3. 删除图层

单击图层列表下方的删除图标可以删除当前图层，同时该图层中的所有内容也会一并删除。

4. 调整图层顺序

Flash 软件通过图层的上下叠加最终形成图像和动画，上面图层的内容会遮盖住下面图层的内容，按住鼠标左键拖动图层到相应的位置，可以调整图层的上下顺序。

二、显示与隐藏图层

1. 显示与隐藏所有图层

图层列表最上方的眼睛图标用来显示或隐藏所有图层，单击该图标，所有图层上出现错号标志，即会隐藏所有图层内容，再次单击错号图标消失，即会显示所有图层内容。

2. 显示与隐藏单个图层

每个图层名称的右侧有两个小黑点图标，其中眼睛图标下方对应的小黑点用于显示或隐藏当前图层。单击当前层对应的小黑点出现错号标志，即会隐藏当前图层内容，再次单击错号图标消失，即会显示当前图层内容。

3. 注意事项

隐藏图层时只是在操作时候暂时看不到图层内容，但在输出的时候隐藏层中的内容依然会被显示输出。

三、锁定与解锁图层

1. 锁定图层的作用

在 Flash 时间轴上，操作对象为当前图层的当前帧中的内容，但是在操作过程中，很容易误操作其他图层。例如框选对象时，可能会把其他图层中的内容也选中，此时可以锁定当前图层之外的其他图层，被锁定图层无法进行任何操作，从而起到保护图层的作用。

2. 锁定与解锁所有图层

图层列表最上方的小锁图标用来锁定或解锁所有图层，单击该图标，所有图层上出现小锁标志，即会锁定所有图层，锁定后无法再对图层进行任何操作，再次单击小锁图标消失，即会解锁所有图层。

3. 锁定与解锁当前图层

每个图层的右侧小锁图标下方对应的小黑点图标用于锁定或解锁当前图层。单击当前层对应的小黑点图标，即会锁定当前图层，再次单击小锁图标消失，即会解锁当前图层。

四、显示图层轮廓

图层列表最上方的方框图标，用于是否显示所有图层中对象的轮廓，每个图层的右侧，方框图标下方对应的小黑点图标，用于是否显示当前图层中对象的轮廓。隐藏图层、锁定图层、显示图层轮廓等功能可以为编辑动画提供方便，也可以作其他作用灵活使用。

1.1.3　绘图工具的使用

一、线条工具的使用

1. 线条工具的使用

线条工具用于绘制直线，快捷键为英文字母 N。选中工具箱中的线条工具或者按下快捷键 N，即切换到线条工具，按住鼠标左键在舞台上拖曳即可绘制出一条直线，线条颜色为当前工具箱中的笔触颜色。

2. 线条工具的属性设置

绘制好线条后，可以对其属性进行修改，使用选择工具单击选中线条，打开属性面板，快捷键为 Ctrl + F3 组合键，如图 1-1-1 所示。

(1) 位置和大小。X 和 Y 坐标值用于精确设置线条所在的位置，宽度和高度值用于精确设置线条大小，点击链接图标，可以锁定或者解锁线条的长宽比例。

(2) 填充和笔触。单击颜色块打开拾色器可修改线条颜色。

线条工具

图 1-1-1　线条工具属性面板

（3）笔触。拖动滑块可修改线条粗细，也可以直接在其后的文本框中输入精确数值。

（4）样式。修改线条的形状，包括"极细线""实线""虚线""点状线""锯齿线""点刻线""斑马线"等。

二、选择工具的使用

选择工具

1. 选择对象

选择工具用于选中对象，快捷键为英文字母 V，单击对象即选中，在空白处再次单击即取消选择。要选择多个对象，可按住 Ctrl 键的同时单击对象，双击则可以选择连续的多个对象。

2. 移动对象

选中对象后，可以按住鼠标左键不动拖曳来改变对象的位置。

3. 改变线条弧度

需要绘制弧线时，可先使用线条工具绘制直线轮廓，然后切换为选择工具，将鼠标指针置于线条下方，当指针右下角出现弧线标志时，向不同方向拖曳鼠标，即可将直线变为不同形式的曲线，如图 1-1-2 所示。

图 1-1-2　绘制弧线

将鼠标指针置于线条端点旁边，当指针右下角出现直角标志时，拖曳鼠标，即可改变直线的端点位置。

三、形状工具的使用

形状工具

矩形工具组包括矩形工具和基本矩形工具，快捷键为英文字母 R，要在两者之间进行切换，可使用快捷键 Shift + R。椭圆工具组包括椭圆工具和基本椭圆工具，快捷键为英文字母 O，要在两者之间进行切换，可使用快捷键 Shift + O。此外，还可用多角星形工具用来绘制形状。

1. 矩形工具

矩形工具用于绘制矩形，按住 Shift 键可以绘制正方形，按住 Alt 键绘制时可以以鼠标所在位置为中心点进行绘制。选择形状，在属性面板中可以设置各项参数，如图 1-1-3 所示。

（1）位置和大小。X 和 Y 坐标值用于精确设置图形所在的位置，宽度和高度值用于精确设置形状大小，点击链接图标，可以锁定或者解锁图形的长宽比例。

（2）填充和笔触。铅笔图标用于设置形状的轮廓颜色，颜料桶图标用于设置形状的填充颜色。

(3) "笔触"一栏用于设置线条轮廓的粗细,可以拖动滑块设置,也可以直接输入数值。

(4) "样式"一栏用于设置线条轮廓的形状,包括"实线""虚线""点状线""锯齿线""点刻线""斑马线"等。

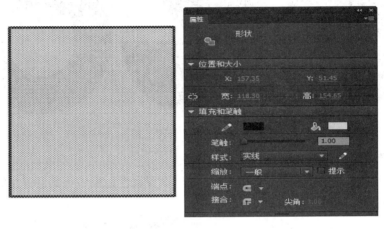

图 1-1-3　矩形工具属性面板

2. 基本矩形工具

基本矩形工具用于绘制矩形或者圆角矩形,在属性面板的"矩形选项"中可以设置四个角的倒角数量,也可以通过拖曳四个角节点的方式修改倒角大小,如图 1-1-4 所示。

单击属性面板中"矩形选项"参数设置下方的链接图标,可以锁定或者解锁四个角的参数,如图 1-1-5 所示。

图 1-1-4　倒角设置

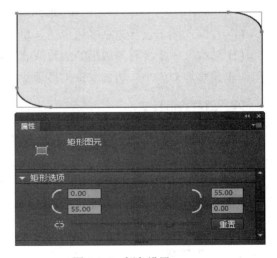

图 1-1-5　倒角设置

3. 椭圆工具

椭圆工具用于绘制椭圆,按住 Shift 键可以绘制正圆,按住 Alt 键绘制时可以以鼠标所在位置为中心点进行绘制。椭圆工具属性面板参数设置与矩形工具类似。

4. 基本椭圆工具

基本椭圆工具用于绘制椭圆或者不规则的圆。在属性面板中可以设置"开始角度""结束角度""内径"等参数，也可以通过拖曳节点的方式来修改形状，如图 1-1-6 所示。

图 1-1-6　基本椭圆工具

5. 多角星形工具

多角星形工具用于绘制多边形和星形，通过设置属性面板中工具设置栏的选项参数来绘制图形，如图 1-1-7 所示。

图 1-1-7　多角星形工具设置

(1) 样式：用于设置绘制多边形还是星形。

(2) 边数：用于设置多边形的边数或者星形的角数。

(3) 星形顶点大小：用于设置星形顶点的大小，数值越大，顶点角度就越大。

四、对象绘制模式

对象绘制模式所绘制对象是在叠加时不会自动合并在一起的单独的图形对象，这样在分离或重新排列形状的外观时，会使形状重叠而不会改变它们的外观。Flash 将每个形状创建为单独的对象，可以分别对其进行处理，当绘画工具处于对象绘制模式时，使用该工具创建的形状为自包含形状，形状的笔触和填充不是单独的元素，并且重叠的形状也不会相互更改。选择用"对象绘制"模式创建的形状，Flash 会在形状周围添加矩形边框来标识它。

1.1.4　颜色设置

一、颜料桶工具

颜料桶工具用来填充轮廓的内部色块，快捷键为英文字母 K，在线条轮廓内部单击即可填充当前工具箱中的填充颜色。使用颜料桶工具填充颜色时，只能填充一个相对封闭的区域，因此在绘制轮廓时，

颜料桶工具和
颜色面板

注意线条与线条的结合处要紧密，否则无法填充颜色。

在工具箱底部选项中，可以选择不同的填充缝隙，包括"不封闭空隙""封闭小空隙""封闭中等空隙""封闭大空隙"四个选项，缝隙越大就越容易填充颜色。当"不封闭空隙"无法填充颜色时，可以选择其他选项，Flash 会自动封闭线条之间的空隙。如果选择"封闭大空隙"仍然无法填充颜色，则说明轮廓的缝隙超出系统所能检测的范围，需要检查线条结合处的封闭情况，如图 1-1-8 所示。

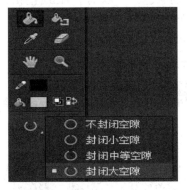

图 1-1-8　封闭选项

二、拾色器

单击工具箱或者属性面板等位置的笔触颜色或者填充颜色，即可打开颜色窗口，如图 1-1-9 所示。

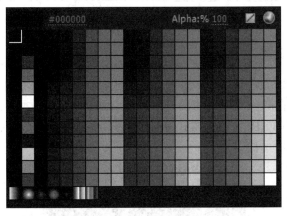

图 1-1-9　颜色窗口

1. 选择颜色

打开颜色窗口后，鼠标会自动变为吸管工具，单击颜色窗口中的某一个色块即选中该颜色。左上角的大块色块代表当前选择的颜色，其后的文本框为该颜色的十六进制值，可以直接在此输入十六进制值来指定颜色。

2. 设置颜色 Alpha 值

颜色窗口右上角的 Alpha 值用来设置当前颜色的透明度，当数值为 100 时，颜色完全不透明，当数值为 0 时，颜色完全透明，当数值为 0~100 时，颜色为不同程度的半透明。

3. 设置无颜色

颜色窗口右上角的白色方框带红色斜线按钮，用来设定有无颜色。该按钮按下时代表无笔触颜色或填充颜色。

4. 拾色器

颜色窗口右上角的彩色圆形图标为拾色器，拾色器即拾取颜色的器具，多用吸管表示，在颜色上单击就能拾取所单击的颜色。可以基于 HSB(色相、饱和度、亮度)、RGB(红色、绿色、蓝色)颜色模型选择颜色，或者根据颜色的十六进制值来指定颜色，还可以基于 Lab 颜色模型(亮度分量、绿色-红色轴、蓝色-黄色轴)选择颜色，并基于 CMYK(青色、洋红、黄色、黑色)颜色模型指定颜色，如图 1-1-10 所示。

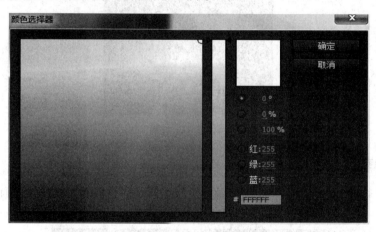

图 1-1-10 拾色器

三、颜色面板的设置

选择菜单"窗口 > 颜色"命令，打开颜色面板，对绘制图形进行颜色设置。如果在舞台上选中了对象，则在颜色面板中的设置将被应用到该对象上。可以从现有的调色板中选择颜色，也可以在 RGB、HSB 色彩模式下进行选择，还可以通过十六进制模式直接输入颜色代码，如图 1-1-11 所示。

图 1-1-11 颜色面板

设置颜色时，首先确定修改的是笔触颜色还是填充颜色，通过单击颜色面板左上角的图标进行切换。

1. 纯色

纯色选项可为线条轮廓或者填充色块设置纯色。

2. 线性渐变

线性渐变选项可为线条轮廓或者填充色块设置线性渐变色。颜色条中的颜色将从左到右填充到所选区域中。

3. 径向渐变

径向渐变选项可为线条轮廓或者填充色块设置放射状渐变色。颜色条中的颜色将以左侧端点为圆心，以整个颜色条为半径，绕一圈填充到所选区域中，如图 1-1-12 所示。

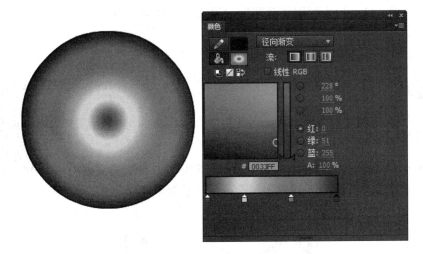

图 1-1-12　径向渐变

4. 位图

位图选项可为线条轮廓或者填充色块设置位图，如图 1-1-13 所示。

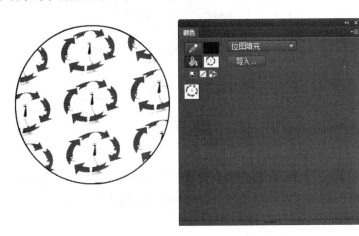

图 1-1-13　位图填充

四、其他工具

其他绘图工具介绍如下：

(1) 铅笔工具：使用笔触颜色，用于随意绘制图形。

(2) 刷子工具：使用填充颜色，用于随意进行涂色。

(3) 墨水瓶工具：用于修改线条颜色、大小和类型。

(4) 滴管工具：用于吸取所需要的颜色并填充颜色。

(5) 橡皮工具：用于擦除不需要的图形。

(6) 文本工具：用于输入文本。

(7) 套索工具：用于抠取部分图像，按住鼠标左键不动，通过拖曳框选出所要选择的区域。

(8) 多边形工具：用于抠取部分图像，通过单击产生节点，以直线线段的形式对图形进行抠取。

(9) 魔术棒工具：用于选取颜色相近的图像。

1.1.5　变形工具的使用

一、任意变形工具

变形工具和
变形面板

任意变形工具用来缩放或旋转图形，快捷键为英文字母 Q，使用任意变形工具选中某个对象后，对象四周会出现黑色框和调节手柄，如图 1-1-14 所示。

图 1-1-14　任意变形工具

1. 任意调整图形大小

将鼠标放到图形边上拖曳即可调整图形的大小。

2. 等比例缩放图形

在调整图形的时候，将鼠标指针放到四个顶点的手柄上，拖动鼠标的同时按住 Shift 键即可实现等比缩放图形，也可以按住 Alt + Shift 键实现不同的缩放方式。

3. 对称缩放图形

所谓对称缩放图形，是以水平或是竖直方向进行缩放的图形，如果想要在水平方向进行缩放，那么就将鼠标放到图形的左侧或是右侧，同时按住 Alt 键进行缩放即可。竖直方向对称缩放的方法同水平方向一样。

4. 旋转图形

将鼠标放到图形的角上就会出现旋转图形的提示，这时就可以进行旋转了。更改图形的中心点还可以进行其他形式的旋转，所有的旋转都是以中心点为中心的，所以更改中心点的位置就可以更改旋转的方式。

5. 自由变形

选择控制点后按住 Ctrl 键进行拖动即可对图形进行自由变形，可以随意更改图形的形状和大小。全选图形，选择一个控制点进行拖动，同时按下 Ctrl + Shift 键，可以制作透视效果，如图 1-1-15 所示。

图 1-1-15　自由变形

二、渐变变形工具

渐变变形工具可以对线性填充或者径向填充进行旋转、拉伸、缩放、修改中心点等操作，快捷键为英文字母 F。

渐变变形工具

1. 线性渐变

使用渐变变形工具选择线性渐变颜色，拖曳距离手柄可以拉伸填充色，拖曳中心手柄可以修改填充中心点，拖曳方向手柄可以旋转填充色条，如图 1-1-16 所示。

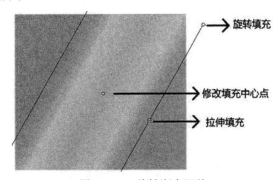

旋转填充

修改填充中心点

拉伸填充

图 1-1-16　线性渐变调整

2. 径向渐变

使用渐变变形工具选择放射状渐变颜色，拖曳圆中心手柄可以修改填充中心点，拖曳圆周上的长宽手柄可以改变渐变圆的长宽比，拖曳圆周上的大小手柄可以改变渐变圆的大小，拖曳圆周上的方向手柄可以改变渐变圆的方向，如图 1-1-17 所示。

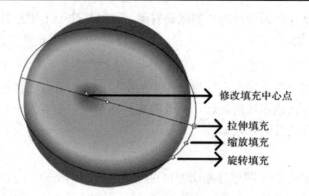

图 1-1-17 径向渐变调整

3. 锁定填充

当选中颜料桶工具后，在工具箱的右下方会出现锁定填充按钮。锁定填充是针对于渐变色的填充，它可以对上一笔的颜色规律进行锁定，再次填充时是对上一次颜色填充的延续。当为多个轮廓统一填充渐变色，使之作为一个整体调节色彩、色调时，可以使用锁定填充功能。

当使用渐变变形工具，不锁定填充时，每个图形对象分别进行编辑，如图 1-1-18 所示。锁定填充时，则可以同时对两个图形进行调整，如图 1-1-19 所示。

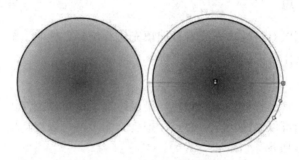

图 1-1-18 不锁定填充

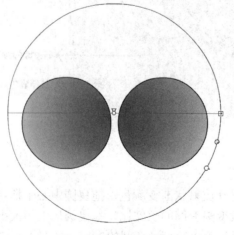

图 1-1-19 锁定填充

三、变形面板

使用变形面板可以更精确地为对象进行各种变形,选择菜单命令"窗口 > 变形"或者按下快捷键 Ctrl + T,即可打开变形面板,如图 1-1-20 所示。

变形工具和
变形面板

图 1-1-20 变形面板

1. 缩放

缩放包含水平缩放和垂直缩放。如单选水平缩放,对于所选对象按百分比沿水平方向缩放;如单选垂直缩放,则对于所选对象按百分比沿垂直方向缩放。如选中后方的约束复选框则对所选对象按百分比宽、高同时缩放。

2. 旋转

对于所选对象沿中心点旋转,输入框中的数字就是旋转的角度。旋转角度可以为负值。

3. 倾斜

倾斜包含水平倾斜和垂直倾斜。如在水平倾斜位置输入数字,则所选对象以中心为轴心沿水平方向倾斜;如在垂直倾斜位置输入数字,则所选对象以中心为轴心沿垂直方向倾斜。倾斜角度可以为负值。

旋转与倾斜为单选选项。

4. 复制并应用变形

单击复制并应用变形按钮,对于所选对象以中心为轴心,以缩放、旋转、倾斜中的数字为值进行复制并变形。

5. 重置

单击重置按钮将变形面板还原。

1.1.6 认识元件

认识元件

一、元件的概念

元件是指在 Flash 中创建而且保存在库中的图形、按钮或影片剪辑。元件只需创建一次，即可在整个文档或其他文档中重复使用。在制作动画过程中很多时候需要重复使用素材，这时就可以转换为元件，或者新建元件。

元件的最大优点是可以重复使用，并且当需要对重复使用的元素进行修改时，只需编辑元件，而不必对所有该元件的实例一一进行修改，Flash 会根据修改的内容对所有该元件的实例进行更新。

二、元件的类型

1. 影片剪辑元件

影片剪辑元件可以理解为电影中的小电影，它完全独立于场景时间轴，并且可以重复播放。也就是说，即便它在主场景的时间轴上只占一帧，也可以完全播放其中的动画。需要注意的是，影片剪辑元件中的动画只有在影片测试时才能播放。

2. 图形元件

图形元件指可以重复使用的静态图像，一般是一幅静止的画面，也可以用来制作动画，但是它要依附于场景时间轴播放。

3. 按钮元件

按钮元件用于制作交互动画，包含 4 个关键帧，每个关键帧中可以嵌套图形或影片剪辑元件，但它的时间轴不能播放，需要根据鼠标指针的动作做出响应。例如，当鼠标指向、滑过或者按下时，通过给按钮添加动作可以跳转到相应的帧，从而制作出各种交互动画。

三、创建新元件

1. 菜单命令

选择菜单"插入 > 元件"命令，即可打开"创建新元件"对话框，输入元件名称，选择元件类型，单击"确定"按钮即创建了一个新元件，如图 1-1-21 所示。

图 1-1-21　"创建新元件"对话框

2. 快捷键

按下快捷键 Ctrl + F8，打开"创建新元件"对话框。

3. 库面板

按下快捷键 Ctrl + L 打开库面板，单击库面板下方的"创建新元件"按钮，打开"创建新元件"对话框。

四、转换为元件

1. 菜单命令

选中某个对象，选择菜单"修改 > 转换为元件"命令，即可打开"转换为元件"对话框，输入元件名称，选择元件类型，单击"确定"按钮即创建了一个新元件，如图 1-1-22 所示。

图 1-1-22　"转换为元件"对话框

2. 快捷键

选中某个对象，按下快捷键 F8，打开"转换为元件"对话框。

注意：转换为元件并不能够形成动画，转出的仅为场景中的一帧静态画面。

五、编辑元件

编辑元件的方法如下：

(1) 打开库面板，双击元件即进入该元件编辑层级。

(2) 在舞台上，双击某个元件的实例即进入该元件编辑层级。

注意：进入元件编辑层级后，可以在文档左上角的标题栏下方查看当前所处的编辑层级，单击元件名称即可切换到该元件编辑层级，单击"场景 1"即可回到主场景，如图 1-1-23 所示。

图 1-1-23　切换编辑层级

1.1.7 动画原理

一、逐帧动画原理

1. 视觉暂留现象

视觉暂留现象(Visual staying phenomenon，duration of vision)又称"余晖效应"。人眼在观察景物时，光信号传入大脑神经，需经过一段短暂的时间，光的作用结束后，视觉形象并不立即消失，这种残留的视觉称"后像"。视觉的这一现象则被称为"视觉暂留"，其值是二十四分之一秒，是动画、电影等视觉媒体形成和传播的根据。

视觉暂留现象首先被中国人发现，早在宋朝，中国人就发明了走马灯，这是据历史记载中最早的视觉暂留的运用，如图 1-1-24 所示。

图 1-1-24　走马灯

2. 动画的产生

动画的产生正是运用了视觉暂留现象，动画是许多帧静止的画面连续播放所形成的，当所有连续动作的单帧画面串连在一起，并且以一定的速度播放时，就会使眼睛产生错觉，形成动画。一般而言，电影的播放速度是每秒 24 格画面，Flash 动画的播放速度是每秒 24 帧画面。例如狗奔跑的动画，可以分解为 8 个关键画面，然后顺序循环播放，如图 1-1-25 所示。

图 1-1-25　奔跑动作分解

3. 逐帧动画

逐帧动画是一种常见的动画形式，其原理是在"连续的关键帧"中分解动画动作，也就是在时间轴的每帧上逐帧绘制不同的内容，使其连续播放而成为动画。由于逐帧动画的帧序列内容不一样，不但给制作增加了负担而且最终输出的文件量也很大，但它的优势也很明显：逐帧动画具有非常大的灵活性，几乎可以表现任何想表现的内容，而它类似于电影的播放模式，很适合于表演细腻的动画。例如，将马走路的动作分别放在各个关键帧里，制作成逐帧动画，如图 1-1-26 所示。

图 1-1-26　逐帧动画

二、逐帧动画创建方法

1. 导入静态图片

使用数码相机等连拍图片，连续导入到 Flash 中，即会建立一段逐帧动画，具体操作方法是：

(1) 使用数码相机连拍照片。

(2) 新建 Flash 文档，选择"文件"菜单"导入到库"命令打开对话框，右下角文件类型选择"所有文件"，如图 1-1-27 所示。

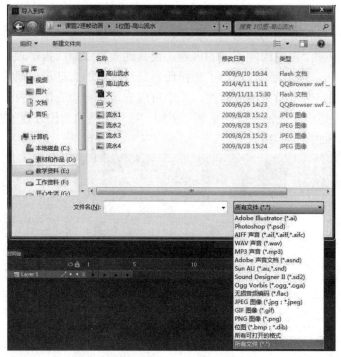

图 1-1-27　选择"所有文件"

(3) 选中需要导入的所有素材图片，点击"打开"按钮，所有选中的图片即会一并导入到库中，如图 1-1-28 所示。

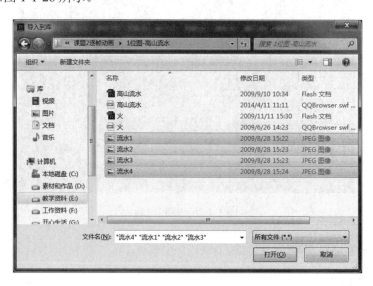

图 1-1-28　导入所有文件到库中

(4) 按下快捷键 Ctrl + L 打开库面板，拖动第一幅图片到舞台上，按下快捷键 Ctrl + I 打开信息面板，设置图片 X 和 Y 坐标均为 0，使图片冲齐舞台左上角，如图 1-1-29 所示。

(5) 在时间轴第 2 帧按下快捷键 F7 创建空关键帧，同理，拖放库中的第二幅图片，并使用信息面板设置相同的位置坐标。

图 1-1-29　导入和定位图片

(6) 同理，制作第 3 帧、第 4 帧，将所有图片按顺序分别放入相应关键帧中，如图 1-1-30 所示。

图 1-1-30　帧设置

(7) 按下快捷键 Ctrl + Enter 测试影片，观察动画效果。

2. 逐帧绘图

逐帧绘图指依据动画原理将动作进行分解，使用鼠标或压感笔在场景中一帧帧地画出关键画面，然后顺序播放。例如马走路动作的动画制作过程，首先根据动作规律分解马走路的动作，然后分别创建关键帧绘制图像。

3. 制作文字逐帧动画

使用文字作为帧中的元件，实现文字跳跃、旋转等特效，具体操作方法是：

(1) 打开 Flash，输入文字"跳动"。

(2) 在第 2 帧处按下快捷键 F6 创建关键帧，选中文字，按住 Shift 键的同时按一次向上方向键，此时文字向上移动 10 个像素。

(3) 在第 3 帧处按下快捷键 F6 创建关键帧，选中文字，按下快捷键 Q 切换为任意变形工具，将文字旋转 180°。

(4) 在第 4 帧处按下快捷键 F6 创建关键帧，选中文字，按住 Shift 键的同时按一次向下方向键，此时文字向下移动 10 个像素。

(5) 按下快捷键 Ctrl + Enter 测试影片，观察动画效果。

4. 导入序列图像

导入 gif 序列图像、swf 动画或者利用第三方软件(如 swish、swift 3D 等)产生的动画序列，系统即会自动建立一段逐帧动画，具体操作方法是：打开 Flash，按下快捷键 Ctrl + R 打开"导入"对话框，选择 gif 图像。观察时间轴，计算机自动将 gif 图像分解为序列画面，如图 1-1-31 所示。

图 1-1-31　导入序列图像

1.2　技　能　训　练

1.2.1　绘制卡通图

使用绘图工具绘制轮廓，并设置和填充纯色，效果图如图 1-2-1 所示。

图 1-2-1　卡通图

技能训练绘制
卡通图

一、绘制角色

绘制卡通图的步骤如下：

(1) 打开 Flash CC 软件，单击"新建"列表中的"Action Script 3.0"，创建新文档。

(2) 按下快捷键 Ctrl + J，打开"文档设置"对话框，设置"舞台大小"为 800 × 600 像素，背景颜色为粉色，颜色代码为 #FFBDBE，单击"确定"按钮，如图 1-2-2 所示。

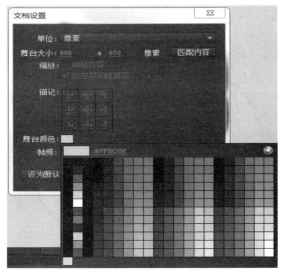

图 1-2-2　文档设置

(3) 双击时间轴上的"图层 1"，重命名为"头"。按下快捷键 O 切换到椭圆工具，打开属性面板，设置线条粗细为 5，填充颜色为白色，如图 1-2-3 所示。

图 1-2-3　椭圆工具属性设置

(4) 绘制一个椭圆，使用任意变形工具旋转椭圆，如图 1-2-4 所示。

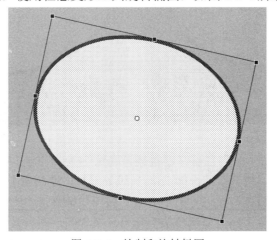

图 1-2-4　绘制和旋转椭圆

(5) 锁定"头"图层，新建图层并命名为"耳朵"，按下快捷键 N 切换到线条工具绘制折线，再按下快捷键 V 切换到选择工具将折线拖曳成弧线，如图 1-2-5 所示。

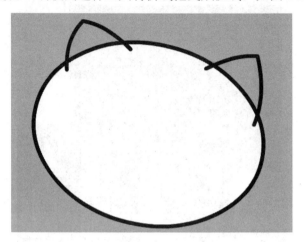

图 1-2-5　绘制耳朵

(6) 按下快捷键 N 切换到线条工具，绘制直线闭合耳朵的折线，填充白色，将"耳朵"图层拖动到"头"图层的下方，如图 1-2-6 所示。

(7) 锁定"耳朵"图层，解锁"头"图层，按下快捷键 E 切换到橡皮擦工具，擦除头部连接耳朵部分的轮廓。按下快捷键 V 切换到选择工具，微调耳朵和头部轮廓，如图 1-2-7 所示。

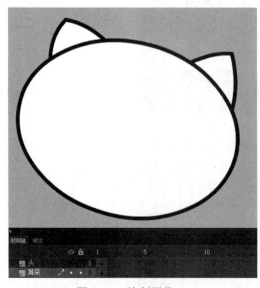

图 1-2-6　绘制耳朵

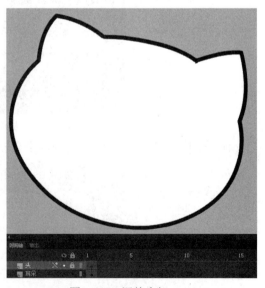

图 1-2-7　调整头部

(8) 锁定"头"和"耳朵"图层，新建图层并命名为"裙子"，拖曳到最底层，隐藏"头"和"耳朵"图层。按下快捷键 N 切换到线条工具，绘制裙子轮廓，在工具箱中单击颜料桶选择填充颜色为粉色，代码为 #F19BBE，按下快捷键 K 切换到颜料桶工具，在轮廓内部单独为裙子填充颜色。然后显示"头"和"耳朵"图层观察效果，如图 1-2-8 所示。

(9) 新建图层并命名为"左袖"，使用线条工具绘制轮廓，使用填充工具填充颜色，

代码为 #F3D8BB，如图 1-2-9 所示。

图 1-2-8 绘制裙子

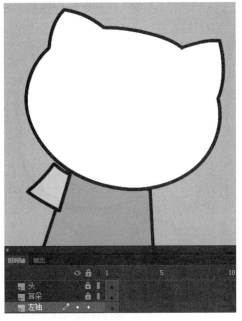

图 1-2-9 绘制左袖

(10) 将"左袖"图层拖曳到最底层，锁定"左袖"图层。新建图层并命名为"左手"，拖曳到最顶层，使用线条工具绘制轮廓，使用填充工具填充白色，如图 1-2-10 所示。

(11) 锁定"左手"图层，新建图层并命名为"右手"，使用线条工具绘制轮廓，使用填充工具分别填充颜色，如图 1-2-11 所示。

图 1-2-10 绘制左手

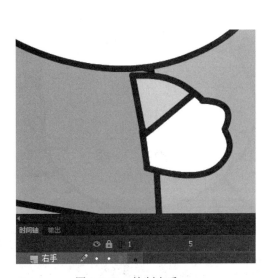

图 1-2-11 绘制右手

(12) 将"右手"图层拖曳到"裙子"图层下方，锁定"右手"图层。新建图层并命名为"左脚",拖曳到"裙子"图层上方,使用椭圆工具绘制左脚,如图 1-2-12 所示。

(13) 锁定"左脚"图层,新建图层并命名为"右脚",使用椭圆工具绘制右脚,将"右脚"图层拖曳到"裙子"图层下方,如图 1-2-13 所示。

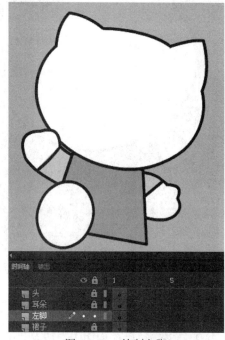

图 1-2-12　绘制左脚　　　　　　　　　图 1-2-13　绘制右脚

(14) 锁定"右脚"图层,新建图层并命名为"五官",拖曳到最顶层,使用绘图工具分别绘制眼睛、鼻子、胡须,为鼻子填充颜色,代码为 #F3D8BB,如图 1-2-14 所示。

(15) 锁定"五官"图层,新建图层并命名为"蝴蝶结",使用绘图工具绘制蝴蝶结轮廓,填充颜色,代码为 #F19BBE,如图 1-2-15 所示。

图 1-2-14　绘制五官　　　　　　　　　图 1-2-15　绘制蝴蝶结

(16) 解锁所有图层，框选整个图像，拖动到灰色工作区作为备份，按下 Ctrl + C 快捷键复制整个图像，新建图层并命名为"全图"，拖曳到最顶层，按下快捷键 Ctrl + V 粘贴图像，如图 1-2-16 所示。

图 1-2-16　复制整个图像

二、排版图像

排版图像的步骤如下：

(1) 锁定所有图层，新建图层并命名为"底色"，拖曳到"全图"图层下方。使用绘图工具绘制条纹形状，线条颜色代码为 #652E05，填充颜色代码为 #FDE2EB，如图 1-2-17 所示。

图 1-2-17　绘制底色

(2) 锁定"底色"图层，解锁"全图"图层。在工具箱中套索工具组选择多边形套索工具，通过不断单击鼠标选中"底色"图层下方线条以下的图像，按下 Delete 键删除，如图 1-2-18 所示。

图 1-2-18　删除多余图像

(3) 锁定"全图"图层，新建图层并命名为"文字"，按下快捷键 T 切换到文本工具，在舞台右下方单击出现文本框，输入文字"Holle kitty"，按下 Esc 键结束文字输入。打开属性面板，设置字体、字号、颜色等，如图 1-2-19 所示。

图 1-2-19　编排文字

1.2.2　绘制彩虹

通过调整渐变色绘制彩虹，效果图如图 1-2-20 所示。

技能训练绘制彩虹

图 1-2-20　效果图

一、绘制彩虹

绘制彩虹的步骤如下：

(1) 打开 Flash CC 软件，单击"新建"列表中的"Action Script3.0"，创建新文档。

(2) 按下快捷键 Ctrl + J，打开"文档设置"对话框，设置"舞台大小"为 800 × 600 像素，背景颜色为白色，单击"确定"按钮。

(3) 双击时间轴上的"图层 1"，重命名为"彩虹"。

(4) 选择椭圆工具，按住 Shift 键的同时拖曳鼠标左键，在舞台上绘制出一个正圆，如图 1-2-21 所示。

图 1-2-21　绘制正圆

(5) 使用选择工具单击轮廓线，按下 Delete 键删除。选择圆形，打开颜色面板，单击右上角的颜料桶图标，对填充颜色进行设置，如图 1-2-22 所示。

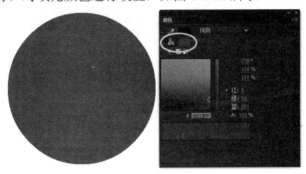

图 1-2-22　设置填充颜色

(6) 单击"纯色"下拉菜单，选择径向渐变，下方的渐变色条默认为黑色到白色，如图 1-2-23 所示。

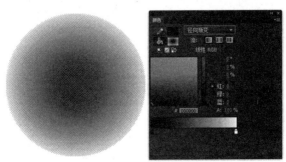

图 1-2-23　设置径向渐变(一)

(7) 双击颜色条上的黑色颜料桶，打开拾色器，选择红色，如图 1-2-24 所示。

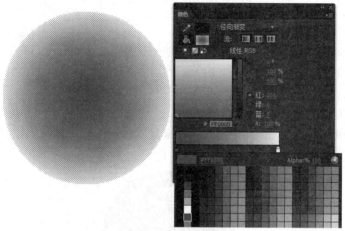

图 1-2-24　设置径向渐变(二)

　　(8) 在红色颜料桶右侧，鼠标下方出现加号标志时单击，即增加一个颜料桶，双击新增加的颜料桶打开拾色器，选择橙色，如图 1-2-25 所示。

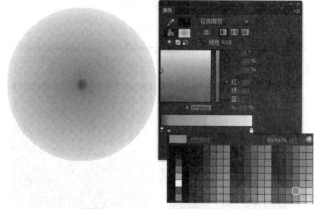

图 1-2-25　设置径向渐变(三)

　　(9) 同理，新增颜料桶，分别选择彩虹的颜色，需要删除某个颜料桶时，选中该颜料桶，按住鼠标左键拖曳到颜色条之外即可，彩虹颜色设置如图 1-2-26 所示。

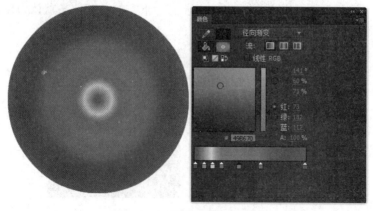

图 1-2-26　设置径向渐变(四)

(10) 分别选中颜料桶，按住鼠标左键拖动，修改各个颜料桶在颜色条上的位置，如图 1-2-27 所示。

图 1-2-27　设置径向渐变(五)

(11) 在红色颜料桶左侧再增加一个红色颜料桶，选中最左侧的红色颜料桶，将上方的 "A：" 数值由 100 改为 0，作用是使该颜色透明，如图 1-2-28 所示。

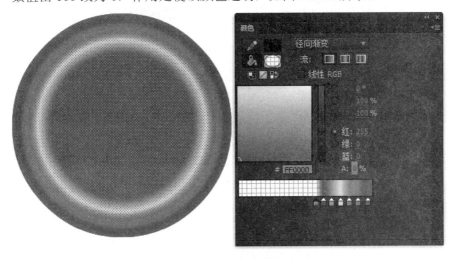

图 1-2-28　设置径向渐变(六)

(12) 关闭颜色面板，观察彩虹效果，如图 1-2-29 所示。

图 1-2-29　彩色圆环效果

(13) 使用选择工具，框选彩虹下半部分，按下 Delete 键删除，如图 1-2-30 所示。

图 1-2-30　彩虹

二、合成背景

合成背景有如下两步：

(1) 新建图层，命名为"背景"，拖动到"彩虹"图层的下方，按下快捷键 Ctrl + R 导入背景图片，如图 1-2-31 所示。

图 1-2-31　导入背景

(2) 锁定背景图层，选中彩虹，移动到合适位置，按下快捷键 Q，切换到任意变形工具修改彩虹大小，如图 1-2-32 所示。

图 1-2-32　调整大小

1.2.3　绘制水晶铅笔

绘制铅笔时可通过设置渐变色模拟光照效果，再通过变形面板制作环绕效果。效果图如图 1-2-33 所示。

技能训练绘制

水晶铅笔

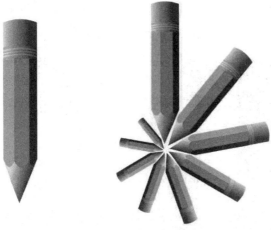

图 1-2-33　效果图

一、绘制铅笔

绘制铅笔的步骤如下：

(1) 打开 Flash CC 软件，单击"新建"列表中的"Action Script 3.0"，创建新文档。

(2) 按下快捷键 Ctrl + J，打开"文档设置"对话框，设置"舞台大小"为 800 × 600 像素，背景颜色为白色，单击"确定"按钮。

(3) 双击时间轴上的"图层 1"，重命名为"笔杆 1"。选择笔触颜色为无，选择填充颜色为浅蓝色。使用矩形工具绘制笔杆，如图 1-2-34 所示。

(4) 新建图层并命名为"笔杆 2"，选择填充颜色为较深一点的蓝色，使用矩形工具绘制笔杆，如图 1-2-35 所示。

图 1-2-34　绘制笔杆(一)

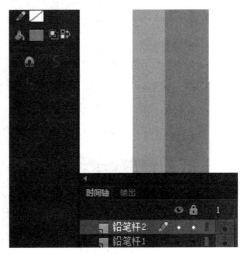

图 1-2-35　绘制笔杆(二)

（5）新建图层并命名为"笔杆 3"，选择填充颜色为更深一点的蓝色，使用矩形工具绘制笔杆。通过三种颜色由浅到深的变化，模仿光线从左侧照射的效果，如图 1-2-36 所示。

（6）新建图层并命名为"金属"，选择填充颜色为灰色，使用矩形工具绘制金属皮，如图 1-2-37 所示。

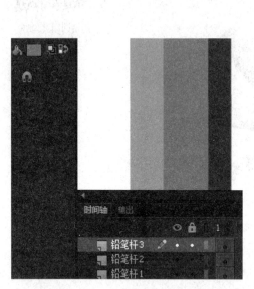

图 1-2-36　绘制笔杆(三)　　　　　　　　　　　　　图 1-2-37　绘制金属

（7）使用选择工具拖曳矩形框下方边缘，形成上弧效果。选择金属皮矩形框，打开颜色面板，选择线性渐变，设置浅灰到深灰的渐变色，使用渐变变形工具调整渐变色，通过颜色由浅到深的变化，模仿光线照射效果，如图 1-2-38 所示。

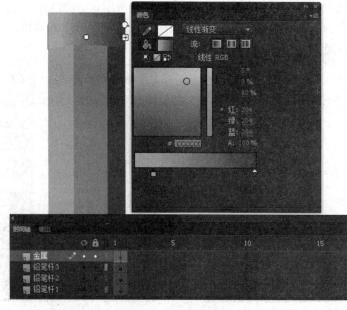

图 1-2-38　设置渐变色

(8) 新建图层并命名为"金属条"，绘制三根上弧效果的金属条，如图 1-2-39 所示。

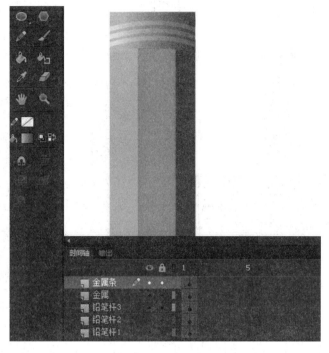

图 1-2-39　绘制金属条

(9) 同理，使用矩形工具绘制橡皮，使用选择工具分别拖曳矩形框上下方边缘，形成弧线效果。打开颜色面板，选择线性渐变，设置浅红到深红的渐变色，使用渐变变形工具调整渐变色，通过颜色由浅到深的变化，模仿光线照射效果，如图 1-2-40 所示。

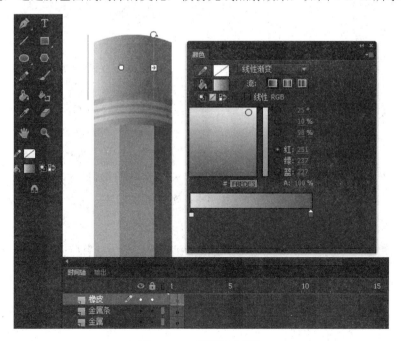

图 1-2-40　设置橡皮颜色

(10) 使用选择工具分别拖曳三个笔杆的下边缘，形成削铅笔效果，如图 1-2-41 所示。

(11) 新建图层并命名为"笔头"，拖曳到最底层。使用矩形工具绘制笔头，再使用选择工具拖曳矩形下方的两个顶点，形成梯形效果，如图 1-2-42 所示。

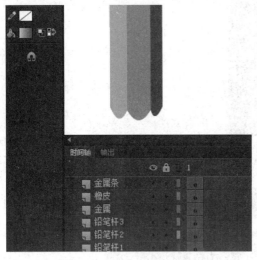

图 1-2-41 修改笔杆　　　　　　　　　　　　图 1-2-42 绘制笔头

(12) 选中笔头，打开颜色面板，选择线性渐变，设置浅棕到深棕的渐变色。使用渐变变形工具调整渐变色，通过颜色由浅到深的变化，模仿光线照射效果，如图 1-2-43 所示。

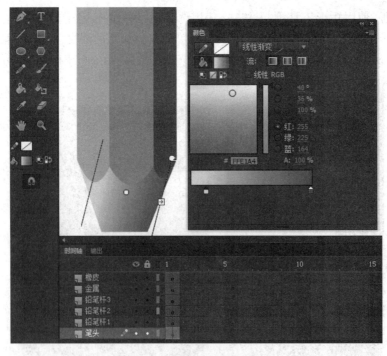

图 1-2-43 设置笔头颜色

(13) 新建图层并命名为"笔尖"，使用矩形工具绘制矩形，再使用选择工具拖曳矩形下方的两个顶点，形成圆锥效果，如图 1-2-44 所示。

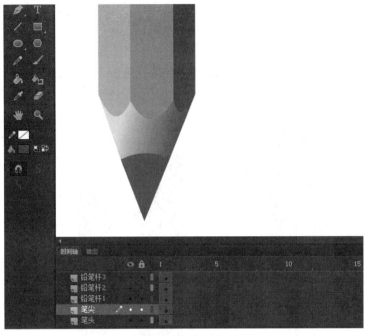

图 1-2-44 绘制笔尖

(14) 选中笔头，打开颜色面板，选择线性渐变，设置浅棕到深棕的渐变色。使用渐变变形工具调整渐变色，通过颜色由浅到深的变化，模仿光线照射效果，如图 1-2-45 所示。

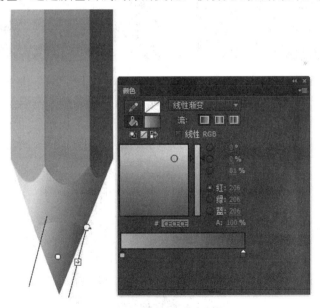

图 1-2-45 设置笔尖颜色

二、环绕铅笔

环绕效果的制作步骤如下：

(1) 解锁所有图层，显示整个铅笔的图像，如图 1-2-46 所示。

(2) 使用选择工具，在舞台上框选，全部选中铅笔，按下快捷键 Ctrl + C 复制铅笔，新建图层并命名为"转圈"，拖曳到最顶层。

(3) 单击时间轴最上方锁定所有图层按钮，单击"转圈"图层右侧的小锁图标解锁该图层，拖动铅笔到舞台右侧，按下快捷键 Q，使用任意变形工具缩小铅笔，按住鼠标左键拖动注册点(变形中心点)将其移动到笔尖下方，如图 1-2-47 所示。

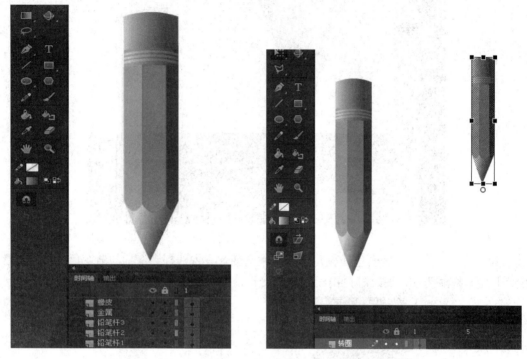

图 1-2-46　解锁全部图层　　　　　　　　　　　　图 1-2-47　复制铅笔

(4) 按下快捷键 Ctrl + T，打开变形面板，锁定长宽比链接，变形大小输入 85%，旋转输入 30°。多次单击变形面板右下方的"重制选区和变形"按钮，即可得到一圈铅笔，铅笔大小和密度不合适时可以反复修改参数，多次尝试，如图 1-2-48 所示。

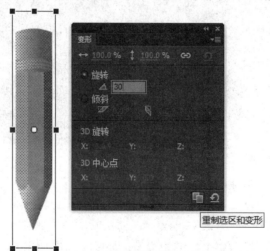

图 1-2-48　变形面板

1.3　项 目 实 施

1.3.1　构思和设计

一、确定主题

春天是万物复苏的季节，大自然中处处都表现出勃勃生机：红红的花、绿绿的草、枝头的嫩芽、飞舞的蝴蝶、刚刚出壳的小鸡、暖暖的阳光、柔柔的春风……"春花弄蝶"动画即以春天来了为主题，在轻松愉快的春天背景图上，美丽的蝴蝶翩翩起舞。

第 1 篇项目重点

二、制订计划表

本项目计划使用 14 学时，其中技能训练 6 学时，动画实施 8 学时，工作计划表如表1-3-1、表 1-3-2 所示。

表 1-3-1　技能训练工作计划表

序号	工作内容	目的要求、方法和手段	时间安排
1	知识准备	在网络平台上自主学习，小组交流讨论 学习选择工具、线条工具、颜料桶工具、任意变形工具、渐变色调整工具、属性面板、颜色面板等基本操作	课前
2	技能训练 1	合理划分图层，独立完成卡通图的绘制，同桌互评 熟练掌握选择工具、线条工具、颜料桶工具等工具的使用方法，能够正确选择和填充颜色，能够熟练进行图层的各项操作	课中 2 学时 + 课后
3	技能训练 2	合理划分图层，独立完成彩虹的绘制，同桌互评 理解颜色设置方法，使用颜色面板设置渐变色彩	课中 2 学时 + 课后
4	技能训练 3	合理划分图层，独立完成铅笔的绘制和排版，同桌互评 深刻理解图层的作用，灵活、合理地划分图层，熟练使用各种工具和面板绘制矢量图形，综合利用变形面板的各项参数旋转和排列铅笔	课中 2 学时 + 课后
5	强化练习	课后自主进行，小组合作，进一步完善和修改技能训练作品 有能力的同学可以从技能训练库中自主选择本项目的其他案例强化练习	课后

表 1-3-2　动画实施工作计划表

序号	工作内容	目的要求、方法和手段	时间安排
1	构思和设计	1. 搜索资料，欣赏优秀作品，上传和共享资料，小组交流 2. 独立思考，确定主题 3. 确定作品整体风格和基调 4. 必要时手绘作品草稿 5. 安排时间轴：思考并细分时间轴上的图层 独立完成，同桌间互助	课前
2	绘制背景图	理解元件的概念和作用 创建元件，分图层绘制轮廓和填充色彩，绘制一幅春天背景图 独立完成，同桌间互助	课中 2 学时 + 课后
3	绘制蝴蝶	进一步理解元件的概念和作用 分别创建元件，分图层绘制轮廓和填充色彩，绘制一只蝴蝶	
4	小组交流	小组间相互点评，提出修改建议	课中 2 学时 + 课后
5	任务小结	教师点评，学生独立修改作品	
6	优化作品	小组交流，学生独立优化作品 将遇到的困难和问题在学习平台上提问和讨论	课后
7	制作蝴蝶动画	独立完成，同桌间互助 理解逐帧动画的原理 熟练进行帧的各种操作，利用逐帧动画原理制作蝴蝶扇动翅膀的动画	课中 2 学时 + 课后
8	小组交流	小组间相互点评，提出修改建议	
9	任务小结	教师点评，学生独立修改作品	
10	优化作品	小组交流，学生独立优化作品 将遇到的困难和问题在学习平台上提问和讨论	课后
11	答辩和评价	随机抽取 10 名同学进行答辩	课中 2 学时
12	课后拓展	1. 资料归档：整理文字资料、源文件、发布文件等 2. 拓展训练：自主进行，从技能训练库中选择本项目的其他案例强化训练	课后

三、组织架构

"春花弄蝶"动画需要绘制一幅春天背景图，以及一只蝴蝶并制作蝴蝶扇动翅膀的动画。可将需要重复使用的对象或者帧数较多需要整体操作的对象制作成元件，按照此原则分析得出需要的元件及其层级关系，如图 1-3-1 所示。

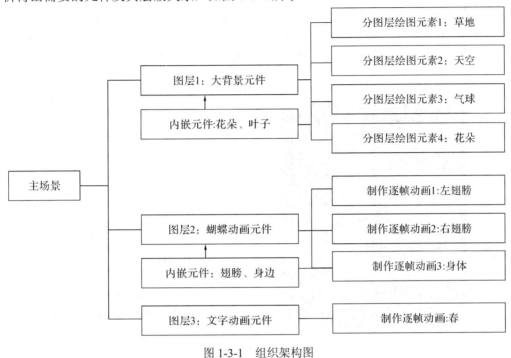

图 1-3-1　组织架构图

1.3.2　绘制背景图

一、绘制草地

绘制草地的步骤如下：

(1) 打开 Flash CC 软件，单击"新建"列表中的"Action Script 3.0"，创建新文档。

(2) 按下快捷键 Ctrl + J，打开"文档设置"对话框，设置"舞台大小"为 800 × 600 像素(宽 × 高)，背景颜色为白色，单击"确定"按钮。

(3) 按下快捷键 N 切换到线条工具，绘制轮廓，填充绿色，然后删除轮廓线，如图 1-3-2 所示。

图 1-3-2　绘制草地

(4) 选中草地，按下快捷键 F8，打开"转换为元件"对话框，输入元件名称为"大背景"，元件类型选择"图形元件"，单击"确定"按钮，双击草地进入元件编辑层级。

(5) 选中草地，按下快捷键 Ctrl + Shift + F9，打开颜色面板，点击"填充颜色"颜料桶标志，在右方的下拉列表中选择线性渐变，在下方的颜色条上双击左侧颜料桶选择鹅黄色，颜色代码为 #D9F965，双击右侧颜料桶选择绿色，颜色代码为 #74B914。

(6) 按下快捷键 F 切换到渐变调整工具，选中草地，拖曳手柄调整渐变色，如图 1-3-3 所示。

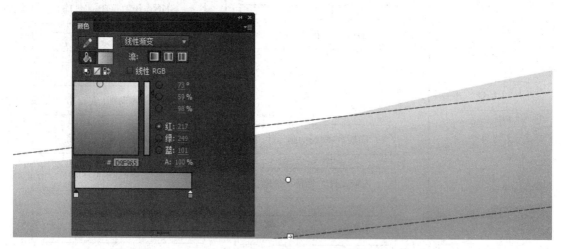

图 1-3-3　设置草地渐变色

(7) 将图层 1 重命名为"草地 1"，同理绘制第二块草地。新建图层并重命名为"草地 2"，使用线条工具绘制轮廓，填充颜色，在颜色面板中修改颜色为渐变色。颜色条左侧色块颜色代码为 #D7FC8E，右侧颜色代码为 #78BA13，使用渐变调整工具调整渐变色，拖动"草地 2"图层到"草地 1"图层的下方，如图 1-3-4 所示。

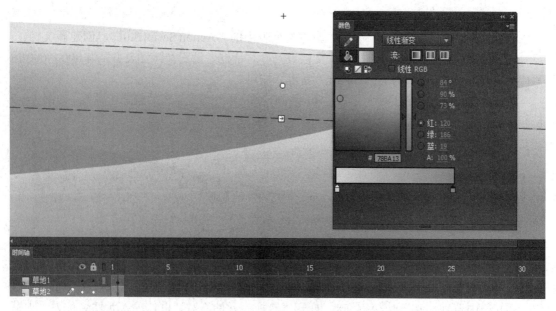

图 1-3-4　绘制和设置草地

（8）新建图层并重命名为"草地 3"，绘制第三块草地。颜色条左侧色块颜色代码为 #D1F39B，右侧颜色代码为 #80C022，拖动"草地 3"图层到"草地 2"图层的下方，如图 1-3-5 所示。

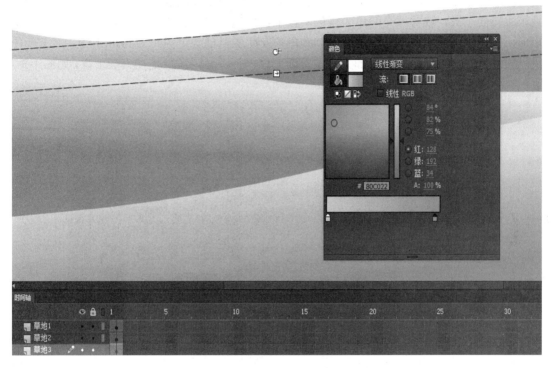

图 1-3-5　绘制和设置草地

（9）在"草地 1"图层上方新建图层，命名为"草"，设置颜料桶颜色为浅绿色，按下快捷键 B 切换到刷子工具，在工具箱下方选择刷子工具的形状为圆形，选择刷子工具的大小为较小，绘制浅色小草。再次设置颜料桶颜色为绿色，绘制绿色小草，如图 1-3-6 所示。

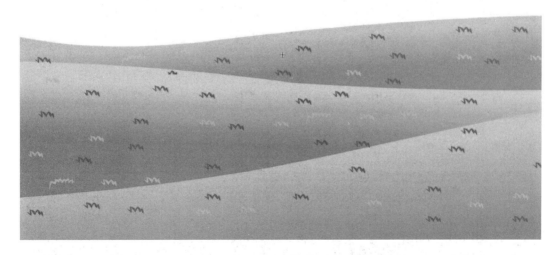

图 1-3-6　绘制小草

二、绘制天空

绘制天空的步骤如下：

（1）新建图层并命名为"天空"，单击工具箱笔触工具，选择笔触颜色为无，单击工具箱颜料桶工具，选择填充颜色为蓝色。按下快捷键 R 切换到矩形工具，绘制矩形。选中矩形，打开颜色面板，设置线性渐变，颜色条左侧颜料桶颜色代码为 #D8EFF8，右侧颜色代码为 #7AC9FC，使用渐变变形工具调整渐变色，将"天空"图层拖动到最下方，如图 1-3-7 所示。

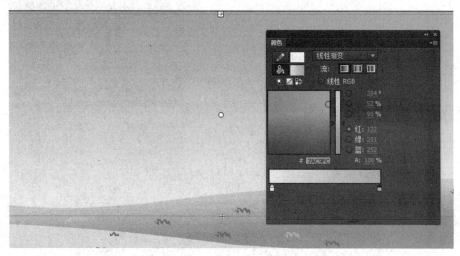

图 1-3-7　绘制和设置天空

（2）新建图层并命名为"云"，按下快捷键 N 切换到线条工具，绘制轮廓，填充白色，绘制白云并适当排版，如图 1-3-8 所示。

图 1-3-8　绘制和设置白云

(3) 新建图层并命名为"气球"，按下快捷键 O 切换到椭圆工具，绘制椭圆。打开颜色面板，设置径向渐变，颜色条上左侧颜料桶颜色代码为 #F0F9EA，右侧颜色代码为 #F6EA8F，使用渐变变形工具调整径向渐变，如图 1-3-9 所示。

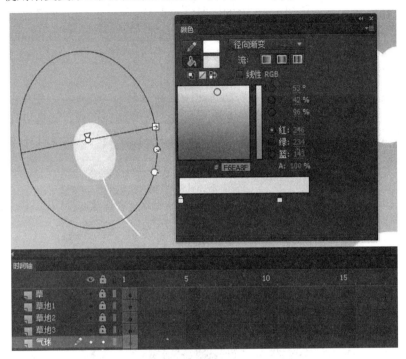

图 1-3-9　绘制和设置气球

(4) 同理，绘制另外两个气球，如图 1-3-10 所示。

图 1-3-10　绘制和设置气球

三、绘制花朵

绘制花朵的步骤如下：

(1) 切换到椭圆工具，按住 Shift 键的同时拖曳鼠标，绘制一个正圆作为花心，设置填充颜色为黄色，颜色代码为 #FFE938，轮廓颜色为橘色，颜色代码为 #FF6600。选中花心，按下快捷键 F8 打开转换为元件对话框，输入元件名称为"花 1"，选择元件类型为"图形元件"，双击花心进入元件编辑层级。

(2) 将"图层 1"重命名为"花心"。新建图层并命名为"花瓣"，使用线条工具绘制花瓣轮廓，使用选择工具拖曳调整花瓣轮廓为弧线。打开颜色面板，设置花瓣颜色为线性渐变，颜色条上的左侧颜料桶颜色代码为 #F8BFC7，右侧颜色代码为 #F13B6C，使用渐变调整工具调整花瓣的线性渐变色，如图 1-3-11 所示。

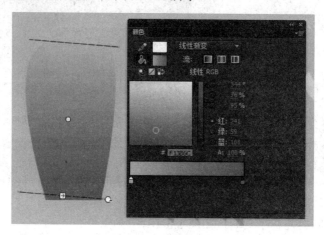

图 1-3-11　绘制和设置花瓣

(3) 按下快捷键 Q 切换到任意变形工具，选中花瓣，拖曳变形中心点到花瓣正下方，如图 1-3-12 所示。

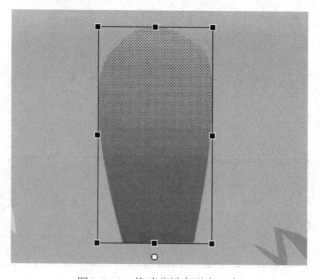

图 1-3-12　修改花瓣变形中心点

(4) 按下快捷键 Ctrl + T, 打开变形面板, 在 "旋转" 选项下方的文本框中输入角度为 60, 重复点击面板下方的 "重置选区和变形" 按钮, 得到一圈花瓣, 如图 1-3-13 所示。

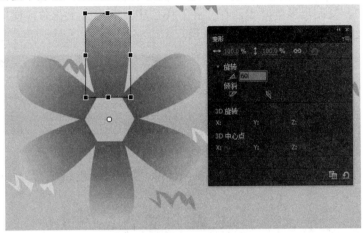

图 1-3-13 复制并旋转花瓣

(5) 将 "花瓣" 图层拖动到 "花心" 图层下方, 使用任意变形工具调整好花瓣的大小、角度和位置, 使花瓣和花心组合成一朵花。

(6) 新建图层并命名为 "花杆", 拖动 "花杆" 图层到最下方, 使用线条工具绘制花杆, 如图 1-3-14 所示。

(7) 单击右上角文档标题名称下方的 "大背景" 标签, 回到 "大背景" 编辑层级, 同理绘制第二朵花。首先绘制花心, 选中花心将其转换为图形元件, 命名为 "花 2", 双击花心进入元件编辑层级, 绘制花瓣和花杆, 如图 1-3-15 所示。

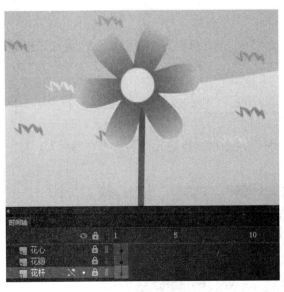

图 1-3-14 绘制花杆

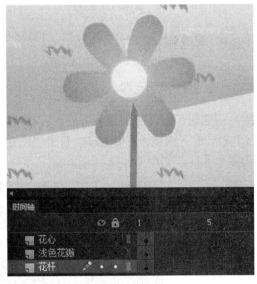

图 1-3-15 绘制和设置花朵

(8) 单击右上角文档标题名称下方的 "大背景" 标签, 回到 "大背景" 编辑层级。新建图层并命名为 "花叶", 绘制一片叶子, 选中叶子将其转换为图形元件, 命名为 "花叶",

双击花叶进入元件编辑层级，绘制其他叶子，如图 1-3-16 所示。

(9) 单击右上角文档标题名称下方的"大背景"标签，回到"大背景"编辑层级。在"花叶"图层中，复制出多个叶子，在"花"图层中复制出多个花朵，使用任意变形工具调整好花朵的大小和位置，如图 1-3-17 所示。

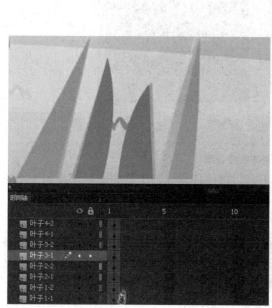

图 1-3-16　绘制和设置花叶

图 1-3-17　拼合背景

1.3.3　绘制蝴蝶

一、创建翅膀元件

创建翅膀元件的步骤如下：

(1) 按下快捷键 Ctrl + F8，打开"创建元件"对话框。新建元件名称为"翅膀"，类型为图形元件，如图 1-3-18 所示。

图 1-3-18　创建新元件

(2) 将图层 1 重命名为"左上 1"，使用线条工具绘制直线，使用选择工具调整曲线，绘制出蝴蝶翅膀的轮廓，填充橙色，如图 1-3-19 所示。

(3) 新建图层并命名为"左上 2"，使用线条工具绘制直线，使用选择工具调整曲线，绘制出蝴蝶翅膀的轮廓，填充浅黄色，如图 1-3-20 所示。

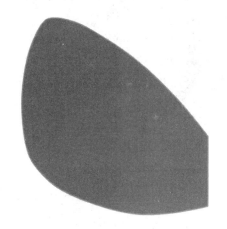

图 1-3-19 绘制翅膀(一)

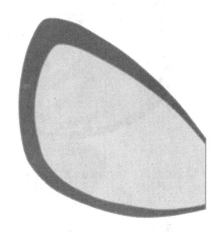

图 1-3-20 绘制翅膀(二)

(4) 新建图层并命名为"左上 3"，使用线条工具绘制直线，使用选择工具调整曲线，绘制出蝴蝶翅膀的轮廓，填充黄色，如图 1-3-21 所示。

(5) 新建图层并命名为"左上 4"，使用线条工具绘制直线，使用选择工具调整曲线，绘制出蝴蝶翅膀的轮廓，填充白色，如图 1-3-22 所示。

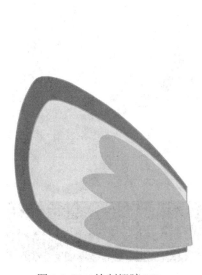

图 1-3-21 绘制翅膀(三)

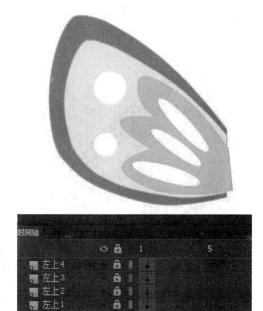

图 1-3-22 绘制翅膀(四)

(6) 新建图层并命名为"左下 1"，使用线条工具绘制直线，使用选择工具调整曲线，绘制出蝴蝶翅膀的轮廓，填充橙色，如图 1-3-23 所示。

(7) 新建图层并命名为"左下 2"，使用线条工具绘制直线，使用选择工具调整曲线，绘制出蝴蝶翅膀的轮廓，填充浅黄色，如图 1-3-24 所示。

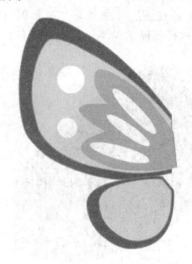

图 1-3-23　绘制翅膀(五)　　　　　　　　　图 1-3-24　绘制翅膀(六)

(8) 新建图层并命名为"左下 3"，使用线条工具绘制直线，使用选择工具调整曲线，绘制出蝴蝶翅膀的轮廓，填充黄色，如图 1-3-25 所示。

(9) 新建图层并命名为"左下 4"，使用线条工具绘制直线，使用选择工具调整曲线，绘制出蝴蝶翅膀的轮廓，填充白色，如图 1-3-26 所示。

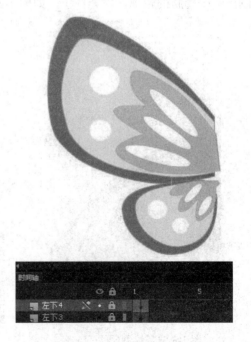

图 1-3-25　绘制翅膀(七)　　　　　　　　　图 1-3-26　绘制翅膀(八)

(10) 单击左上角标题栏下方"场景 1"标签，回到场景。将图层 1 命名为"做翅膀"，按下快捷键 Ctrl + J 打开库，从库面板中拖动"翅膀"元件到舞台上，按下快捷键 Q 切换到任意变形工具，调整好翅膀的大小和位置。

二、创建身体元件

创建蝴蝶身体元件的步骤如下：

(1) 按下快捷键 Ctrl + F8，打开"创建元件"对话框，新建元件名称为"蝴蝶动画"，类型为图形元件。

(2) 将图层 1 命名为"左翅膀"，按下快捷键 Ctrl + L 打开库，拖动"翅膀"元件到舞台上，调整好大小和位置。

(3) 新建图层并命名为"身体"，使用椭圆工具绘制身体，填充色为橙色，如图 1-3-27 所示。

图 1-3-27　绘制身体

(4) 选中身体，按下快捷键 F8 打开"转换为元件"对话框，命名为"身体"，元件类型选择"图形"元件，如图 1-3-28 所示。

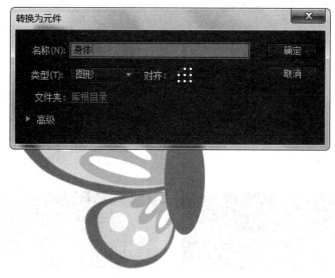

图 1-3-28　转换为元件

(5) 双击身体元件，进入元件编辑层级，将图层 1 重命名为"身体 1"，新建图层并命名为"身体 2"，使用椭圆工具绘制身体，填充色为黄色，如图 1-3-29 所示。

(6) 新建图层并命名为"头 1"，使用椭圆工具绘制身体，填充色为橙色，如图 1-3-30 所示。

图 1-3-29　绘制身体

图 1-3-30　绘制头部(一)

(7) 新建图层并命名为"头 2"，使用椭圆工具绘制身体，填充色为黄色，如图 1-3-31 所示。

(8) 新建图层并命名为"须"，使用线条工具绘制直线，使用选择工具调整为曲线，线条颜色为橙色。使用椭圆工具绘制椭圆，填充色为橙色，如图 1-3-32 所示。

图 1-3-31　绘制头部(二)

图 1-3-32　绘制触角

(9) 新建图层并命名为"五官",使用线条工具绘制直线,使用选择工具调整为曲线,线条颜色为黑色,如图 1-3-33 所示。

图 1-3-33 绘制五官

三、拼合蝴蝶

拼合蝴蝶的步骤如下:

(1) 单击左上角标题栏下方"蝴蝶动画"标签,进入该元件编辑层级,锁定"身体"图层,解锁"左翅膀"图层,选中左翅膀,按下快捷键 Ctrl + C 键复制。新建图层并命名为"右翅膀",按下快捷键 Ctrl + V 粘贴。选中右翅膀,按下快捷键 Ctrl + T 打开变形面板,点击"倾斜"单选按钮,在水平翻转项输入数值为 180°,如图 1-3-34 所示。

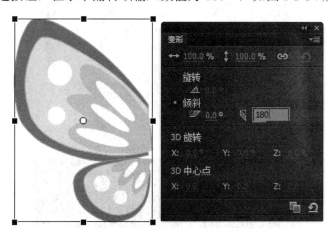

图 1-3-34 调整右翅膀

(2) 按下回车键确认,翅膀即水平翻转为右翅膀,调整好位置,如图 1-3-35 所示。

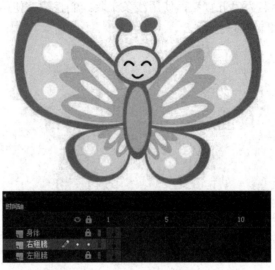

图 1-3-35　拼合蝴蝶

1.3.4　制作动画

一、制作左翅膀动画

制作左翅膀动画的步骤如下：

(1) 在"蝴蝶动画"编辑层级，单击图层列表右上角锁定所有图层按钮，锁定所有图层，单击"左翅膀"图层右侧的小锁按钮解锁该层。

(2) 选中左翅膀，切换到任意变形工具，按住鼠标左键拖动变形中心点到翅膀最右侧边缘，如图 1-3-36 所示。

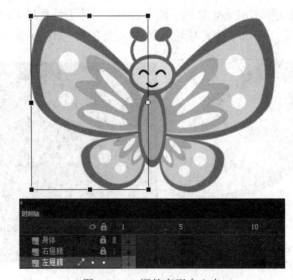

图 1-3-36　调整变形中心点

(3) 在第 3 帧按下快捷键 F6 创建关键帧，打开变形面板，观察"大小"选项栏右方的

"约束"链接图标是否断开，如果没有断开则单击图标即取消约束长宽比，在横向数值输入 90%，按下回车键确认，左翅膀即以右侧边缘为轴心，横向缩放 90%，如图 1-3-37 所示。

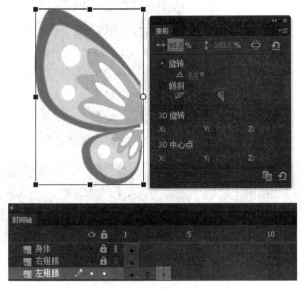

图 1-3-37　缩放翅膀

(4) 在第 5 帧按下快捷键 F6 创建关键帧，打开变形面板，在横向数值输入 80%，按下回车键确认，左翅膀即以右侧边缘为轴心，横向缩放 80%，如图 1-3-38 所示。

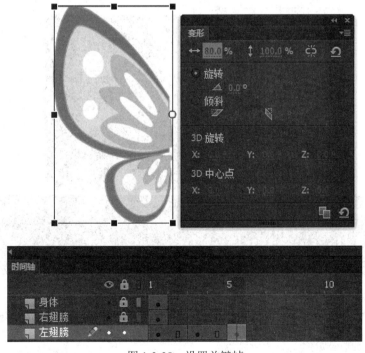

图 1-3-38　设置关键帧

(5) 同理，分别在第 7 帧、第 9 帧、第 11 帧、第 13 帧按下快捷键 F6 创建关键帧，在变形面板中分别设置横向缩放比例为 70%、60%、50%、40%，如图 1-3-39 所示。

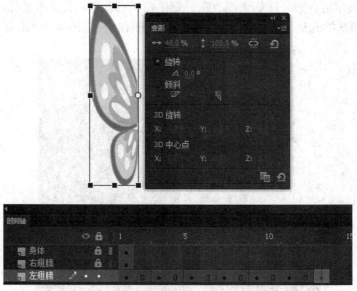

图 1-3-39　设置翅膀折叠动画关键帧

(6) 按下回车键播放时间轴观察动画效果，蝴蝶翅膀向右折叠。

(7) 制作蝴蝶翅膀向左打开的动画。分别在第 15 帧、17 帧、19 帧、21 帧、23 帧、25 帧按下快捷键 F6 创建关键帧，在变形面板中分别设置横向缩放比例为 50%、60%、70%、80%、90%、100%，如图 1-3-40 所示。

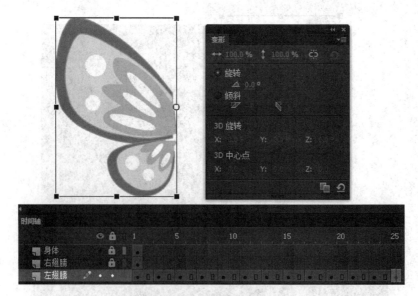

图 1-3-40　设置翅膀展开动画关键帧

(8) 按下 Ctrl + Enter 键发布动画，观察左翅膀折叠后再打开，不断扇动翅膀的动画效果。

二、制作右翅膀动画

制作右翅膀时先锁定"左翅膀"图层，解锁"右翅膀"图层，使用任意变形工具，将右翅膀的变形中心点移动到翅膀左侧边缘，同理制作右翅膀扇动动画，如图 1-3-41 所示。

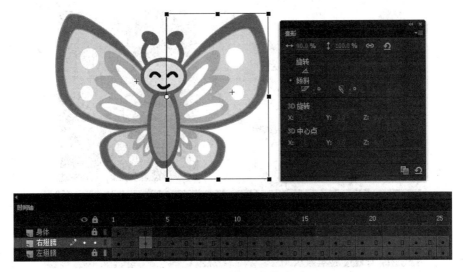

图 1-3-41　制作右翅膀动画

三、制作身体动画

制作蝴蝶身体动画的步骤如下：

(1) 锁定"右翅膀"图层，解锁"身体"图层，同理制作身体动画。在第 3 帧按下快捷键 F6 创建关键帧，打开变形面板，取消约束比例，横向缩放数值输入 90%，如图 1-3-42 所示。

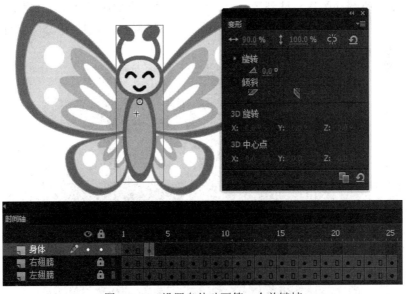

图 1-3-42　设置身体动画第一个关键帧

(2) 分别在第 5 帧、第 7 帧、第 9 帧、第 11 帧、第 13 帧按下快捷键 F6 创建关键帧，在变形面板中分别设置横向缩放比例为 80%、70%、60%、50%、40%。分别在第 15 帧、17 帧、19 帧、21 帧、23 帧、25 帧按下快捷键 F6 创建关键帧，在变形面板中分别设置横向缩放比例为 50%、60%、70%、80%、90%、100%，如图 1-3-43 所示。

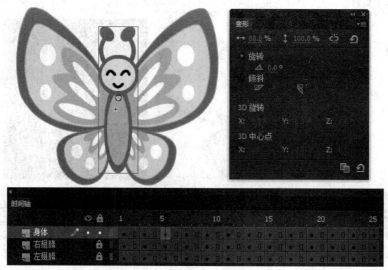

图 1-3-43 　设置身体动画关键帧

(3) 按下回车键预览时间轴上的动画效果，观察整体效果，如果发现蝴蝶身体与翅膀偏离，则选中所在帧，微移身体使之与翅膀切合自然。

四、预览动画效果

预览动画的步骤如下：

(1) 单击左上角标题栏下方"场景 1"标签，回到主场景。新建图层并命名为"蝴蝶"，打开库，拖动"蝴蝶动画"元件到舞台上，使用任意变形工具调整好大小和位置。

(2) 分别在"大背景"图层和"蝴蝶"图层的第 25 帧按下快捷键 F5，创建普通帧以延长对象停留时间，如图 1-3-44 所示。

图 1-3-44 　创建普通帧

(3) 按下快捷键 Ctrl + Enter 预览动画并微调动画。

1.3.5　添加字幕和声音

一、制作文字动画

制作"春"字一笔一画写出来的动画时，可以从前向后一笔一画逐个笔画制作动画，也可以从后向前倒着逐个擦除笔画，这里采用从后向前的方法。

(1) 新建图层并命名为"文字"，按下快捷键 T 切换到文本工具，输入文字"春"。选中文字，按下快捷键 F8 打开"转换为元件"对话框，名称为"文字"，类型为影片剪辑元件。

(2) 在库中双击"文字"元件进入元件编辑层级，选中文字，按下组合键 Ctrl + B 打散文字，打散后的文字转换为图形，不再具备文字属性。

(3) 在第 100 帧处按下快捷键 F6 插入关键帧，默认新插入的关键帧与其前面距离最近的关键帧中的内容一样。

(4) 在第 98 帧处按下快捷键 F6 插入关键帧，使用橡皮擦工具将"春"字的最后一笔擦除一小部分，或者使用选择工具框选出一小部分，然后按下 Delete 键删除，如图 1-3-45 所示。

(5) 在第 98 帧处右击，在弹出的快捷菜单中选择"复制帧"。在第 96 帧处右击，在弹出的快捷菜单中选择"粘贴帧"，擦除或者删除"春"字最后一笔的另外一部分，如图 1-3-46 所示。

图 1-3-45　设置文字动画第 98 帧　　　　　图 1-3-46　设置文字动画第 96 帧

(6) 在第 96 帧处右击，在弹出的快捷菜单中选择"复制帧"。在第 94 帧处右击，在弹出的快捷菜单中选择"粘贴帧"，擦除或者删除"春"字倒数第二笔的一小部分，如图 1-3-47 所示。

(7) 在第 94 帧处右击，在弹出的快捷菜单中选择"复制帧"。在第 92 帧处右击，在弹出的快捷菜单中选择"粘贴帧"，擦除或者删除"春"字倒数第二笔的另外一部分，如图 1-3-48 所示。

图 1-3-47　设置文字动画第 94 帧　　　　　　　图 1-3-48　设置文字动画第 92 帧

（8）同理，按照笔画顺序，倒着逐个擦除每个笔画。如果帧数不够，删除第一帧中的内容，选择空关键帧右击，在弹出的快捷菜单中选择"插入帧"。如果做完动画后前面仍然有过多帧数，则删除第一帧内容，选择多余的空帧右击，在弹出的快捷菜单中选择"删除帧"。

（9）从前向后检查动画，当某一个笔画完成之后，停留的时间长些，即选中该关键帧开始之后的所有帧，同时向后移动，如图 1-3-49 所示。

图 1-3-49　设置文字动画关键帧

二、添加声音

给动画添加声音的步骤如下：

（1）按下快捷键 Ctrl + F8 创建新元件，名称为"声音"，类型为"影片剪辑"，单击"确定"按钮。

(2) 在元件编辑层级，按下快捷键 Ctrl + R，打开导入文件对话框，选择要导入的背景音乐，单击"确定"按钮。

(3) 导入的声音文件会自动保存到库中，按下快捷键 Ctrl + L 打开库，找到声音文件，拖动文件到舞台上，使用快捷键 F5 创建普通帧，给声音足够的帧数直至时间轴上的声波完全显示。

(4) 单击左上角标题栏下方的"场景 1"标签，回到主场景，在时间轴上新建图层并命名为"声音"。

(5) 打开库面板，拖动"音乐"影片剪辑元件到舞台上。

三、发布动画

发布动画的步骤如下：

(1) 打开库面板，如图 1-3-50 所示。

图 1-3-50　库面板

(2) 按下 Ctrl + Enter 组合键，发布动画，预览动画效果，反复预览和微调动画。

1.3.6　项目总结

一、如何制作水晶质感的图像

二维矢量图形上亮晶晶的高光反射可以很好地表现出水晶质感，在 Flash 中主要通过设置白色逐渐透明的渐变来达到这种效果。在颜色面板中，"Alpha"属性是透明度的意思，例如通过高光为西瓜营造水晶效果，首先绘制好高光反射的轮廓，再在颜色面板中设置两个或多个白色，然后根据图像效果调整各个白色的 Alpha 值就可以了。具体示例如下：

(1) 新建 Flash 文档。

(2) 将图层 1 重命名为"圆"，使用椭圆工具，按住 Shift 键绘制一个正圆。选中圆，按下快捷键 Ctrl + C 复制圆。

(3) 锁定"圆"图层，新建图层并命名为"亮光"，按下快捷键 Ctrl + Shift + V 粘贴圆到原位置。选中圆，修改填充颜色为白色。

(4) 使用任意变形工具选中白色圆，同时按住 Shift 键和 Alt 键，拖曳四周任意一个手柄，即以圆心为变形中心等比例缩放圆，向左上方轻微移动白色圆的位置，如图 1-3-51 所示。

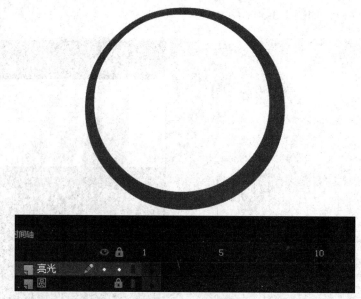

图 1-3-51　绘制圆

(5) 使用多边形套索工具选中白色圆下面的大部分并删除，如图 1-3-52 所示。

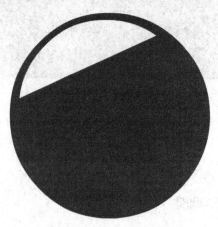

图 1-3-52　调整高光

(6) 使用选择工具，拖曳下边缘，将白色圆剩下的部分变成弧形，如图 1-3-53 所示。

图 1-3-53 变形高光

(7) 选择白色弧，打开颜色面板，选择线性渐变，设置颜色条两个白色色块。将右侧的白色色块的 Alpha 值调整为 0，如图 1-3-54 所示。

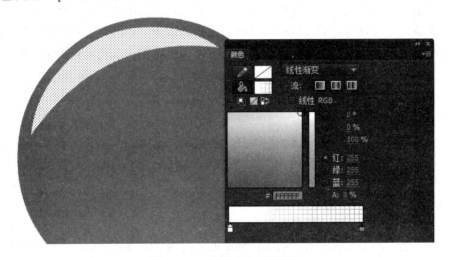

图 1-3-54 设置高光透明渐变

(8) 使用渐变变形工具选中白色弧，调整角度，形成沿弧形方向白色渐渐透明的效果，如图 1-3-55 所示。

图 1-3-55 调整高光

二、如何巧妙分图层

每一个图层都是由许多对象组成的，而图层又通过上下叠加的方式来组成整个图像。选定某个图层后，随后的操作都是针对当前图层，不会影响到其他图层的内容，因而分图层绘制图像便于修改和制作动画。那么什么时候需要新建图层呢？一般来讲，对于静止的图像，当形状或者颜色发生变化时就可以新建一个图层来绘制。对于动画，当不在一起运动或者说动作不一致时，就必须分图层制作动画。

三、如何正确使用不同类型的帧

1. 帧的作用

帧是 Flash 动画制作的基本单位，每一个精彩的 Flash 动画都是由很多个精心雕琢的帧构成的。在时间轴上的每一帧都可以包含需要显示的所有内容，包括图形、声音、各种素材和其他多种对象。

关键帧是有内容的帧，在时间轴上显示为实心圆点，是用来定义动画变化、更改状态的帧。空关键帧是没有内容的关键帧，在时间轴上显示为空心圆点，可以用来放动作，也可以用来控制某段动画的起始时间。普通帧在时间轴上显示为灰色填充的小方格，在时间轴上能显示对象，但不能编辑对象，其内容为与之最近的关键帧相同，可以用来延长对象停留的时间。

2. 帧的使用技巧

在同一图层中，在前一个关键帧后面任一帧处插入关键帧，则会复制前一个关键帧上的内容，并且可对其编辑；如果插入普通帧，则是延续前一个关键帧上的内容，不可以对其编辑；如果插入空白关键帧，则清除该帧后面的延续内容，也可以在空白关键帧上添加新的内容。

选择帧时要特别注意鼠标指针的形状，当鼠标指针是白箭头的时候才能选择，单击即选中一个帧，选中的帧是黑色的，同时该帧中的所有内容也都被选中，因而选择帧还可以用来全选内容。当指针是白箭头时拖动鼠标，即选择多个帧，注意拖动鼠标的时候不要有停顿，否则会移动帧的位置。

3. 注意事项

在应用中应尽可能地节约关键帧的使用，以减小动画文件的体积，同时尽量避免在同一帧处过多地使用关键帧，以减小动画运行的负担，使画面播放流畅。

1.4 拓 展 训 练

1.4.1 答辩和评价

一、个人答辩

每一位学生从本项目中选取自己认为制作比较好的至少两个作品(其中春花弄蝶作品

必选)，制作 PPT 演示文档以备答辩。PPT 演示文档包括封面及目录页、作品说明页、尾页。其中作品说明页分别展示各个作品，每个作品展示内容包括主题思想、制作技术、艺术表现、遇到的困难及解决办法、心得体会等。

(1) 现场答辩人数：随机抽取 10 人。

(2) 答辩时间：每个人做 3～5 分钟汇报，并做 3～5 分钟答辩。

二、评价方法

每一位同学借助 PPT 演示文档做说明性汇报之后，进行提问和评价。

(1) 教师提问：教师针对作品构思、策划、技术手段、艺术设计等方面进行提问，答辩者回答。

(2) 学生点评和提问：其他学生随机抽取一到两位进行提问，答辩者回答。

(3) 综合评价：教师根据答辩者汇报情况、回答提问情况、学生评价情况等综合给出项目成绩。

三、注意事项

学生在进行答辩时要注意以下几点：

(1) 携带自己的 PPT 演示文档，或者提前一天将 PPT 演示文档上传到 FTP 网盘。

(2) 开场、结束语要简洁。注意开场白、结束语的礼仪。

(3) 坦然镇定，声音要大而准确，使在场的所有人都能听到。

(4) 对提出的问题在短时间内迅速做出反应，以自信而流畅的语言、肯定的语气，不慌不忙地回答问题。

(5) 对提出的疑问要审慎回答，对有把握的疑问要回答或辩解、申明理由；对拿不准的问题，可不进行辩解，而应实事求是地回答，态度要谦虚。

(6) 回答问题要注意以下几点：

① 正确、准确。正面回答问题，不转换论题，更不要答非所问。

② 重点突出。抓住主题、要领，抓住关键词语，言简意赅。

③ 清晰明白。开门见山，直接入题，不绕圈子。

④ 有答有辩。有坚持真理、修正错误的勇气。既敢于阐发自己独到的新观点，维护自己的正确观点，反驳错误观点，又敢于承认自己的不足，修正失误。

⑤ 辩才技巧。讲普通话，用词准确，讲究逻辑，吐词清楚，声音洪亮，抑扬顿挫，助以手势说明问题；力求深刻生动；对答如流，说服力、感染力强，给听众留下良好的印象。

1.4.2　资料归档

项目结束后，将项目相关的作品文件、答辩文件、素材文件、参考资料等分门别类地保存并上传到网盘的个人文件夹中。

一、作品文件

每个作品包括源文件和发布文件两个文件，两个文件名称相同，保存在"项目 1"文件夹下的"作品"子文件夹中。本项目的作品文件编号及名称规范如图 1-4-1 所示。

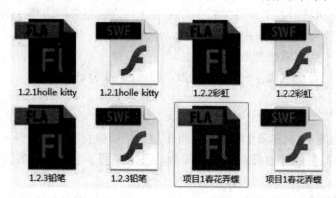

图 1-4-1　作品文件

二、答辩文件

将 PPT 演示文档命名为"项目 1***汇报.ppt"，制作 PPT 过程中搜集和使用到的有用素材根据内容进行命名，保存到"项目 1"文件夹下的"答辩"子文件夹中。

三、素材文件

将使用到的图片、音乐等素材，根据素材内容进行命名，保存到"项目 1"文件夹下的"素材"子文件夹中。

四、参考资料

将构思策划过程中搜集到的各种学习资料，根据资料内容进行命名，保存到"项目 1"文件夹下的"参考资料"子文件夹中。

1.4.3　课后思考

一、拓展练习

以春季为主题，综合使用绘图工具绘制轮廓，使用颜色工具填充和调整色彩，设计和绘制一幅春季图像，并运用逐帧动画技术制作动画。

二、选择题

1. 下列关于矢量图形的描述错误的是(　　)。

A. 在编辑矢量图形时，可以修改描述图形形状的线条和曲线的属性

B. 可以对矢量图形进行移动、调整大小、重定形状以及更改颜色的操作而不更改其外观品质

C. 矢量图形适合于表现形状复杂、细节繁多、色彩丰富的内容，例如照片

D. 矢量图形与分辨率无关，这意味着它们可以显示在各种分辨率的输出设备上，而丝毫不影响品质

2. 下列有关位图的说法不正确的是(　　)。

A. 位图是用系列彩色像素来描述图像的

B. 将位图放大后，会看到马赛克方格，边缘出现锯齿

C. 位图尺寸愈大，使用的像素越多，相应的文件也就愈大

D. 位图的优点是放大后不失真，缺点是不容易表现图片的颜色和光线效果

3. 下面关于"矢量图形"和"位图图像"的说法，错误的是(　　)。

A. Flash 允许用户创建并产生动画效果的是矢量图形而位图图像不可以

B. 在 Flash 中，用户也可以导入并操纵在其他应用程序中创建的矢量图形和位图图像

C. 用 Flash 的绘图工具画出来的图形为矢量图形

D. 一般来说，矢量图形比位图图像文件量大

4. 下面关于"矢量图形"和"位图图像"的说法，正确的是(　　)。

A. 位图图像通过图形的轮廓及内部区域的形状和颜色信息来描述图形对象

B. 矢量图形比位图图像优越

C. 矢量图形适合表达具有丰富细节的内容

D. 矢量图形具有放大仍然保持清晰的特性，但位图图像却不具备这样的特性

5. 编辑位图图像时，修改的是(　　)。

A. 像素　　　　　　　　　　　B. 曲线

C. 直线　　　　　　　　　　　D. 网格

6. 在使用直线工具绘制直线时，若同时按住(　　)键，则可以画出水平方向、垂直方向、45°角和135°角等特殊角度的直线。

A. Alt　　　　　　　　　　　B. Ctrl

C. Shift　　　　　　　　　　D. Esc

7. 将舞台中的元件调整颜色为红色，库中的元件会出现的情况是(　　)。

A. 元件变为红色或蓝色

B. 元件不变色

C. 元件被打破，分成一组组单独的对象

D. 元件消失

8. 关于设置元件种类的正确描述是(　　)。

A. 在"新建元件"对话框中，提前设置元件的种类

B. 在"库"中选择元件，执行"属性"命令来更改元件的种类

C. 在"转换元件"对话框中，更改元件种类

D. 以上说法均正确

9. 在元件"属性"对话框中，可以更改元件属性为(　　)。

A. 影片剪辑　　　　　　　　　B. 按钮

C. 图形　　　　　　　　　　　D. 位图

10. 编辑元件有以下几种方式，其中表述正确的是(　　)。

A. 在库中鼠标双击元件，即可进入编辑元件的模式，进行编辑

B. 若元件在舞台上，可双击元件，也可进入编辑元件的模式，进行编辑

C. 在舞台上，双击元件舞台空白处，即可关闭编辑元件模式

D. 单击舞台顶部"场景"按钮，即可关闭编辑元件模式

三、判断题

1. 为便于 Flash 动画在网页上播放，我们可以在保存菜单中选择保存成 swf 文件格式。

（　　）

2. SWF 的动画文件用浏览器就可以直接播放。　　　　　　　　　　（　　）

3. 利用任意变形工具可以对图形进行缩放、旋转、倾斜、翻转、透视、封闭等变形操作。　　　　　　　　　　　　　　　　　　　　　　　　　　　（　　）

4. 根据需要，Flash 中的元件可以不存放在库中。　　　　　　　　（　　）

5. Flash 中元件既可以是一个静止的图形也可以是一个动画短片。　（　　）

四、问答题

1. Flash 动画产生的原理是什么？
2. 创建逐帧动画有哪几种方法？

课后思考题及答案

第 2 篇　夏 荷 浮 翠

【项目描述】

　　泉眼无声惜细流，树阴照水爱晴柔，小荷才露尖尖角，早有蜻蜓立上头……"夏荷浮翠"动画即以记忆中的初夏为主题，通过制作微风轻拂、小雨沙沙的动画效果，描绘出一幅美轮美奂的荷塘听雨图。

　　"夏荷浮翠"动画通过制作雨丝下落、溅起水花的动画效果，综合训练各种类型帧的操作、补间动画制作技法、元件嵌套及属性设置等技能，同时进一步提高动画审美能力和策划能力。动画效果图如图 2-0-1 所示。

图 2-0-1　"夏荷浮翠"动画效果图

【知识技能点】

　　钢笔工具组；部分选取工具；补间动画；动画补间；元件。

【训练目标】

　　(1) 能够熟练操作钢笔工具、锚点工具和部分选取工具绘制图像。

　　(2) 能够通过锚点转换、增加锚点、删除锚点等命令修改轮廓，使得线条流畅，透视与结构合理。

　　(3) 进一步掌握颜色面板各项参数的含义和作用，并能够熟练配置和调整线性渐变和径向渐变色彩。

(4) 理解补间动画的产生原理。

(5) 理解补间动画与传统补间动画的区别。

(6) 能够熟练创建和编辑动画补间动画。

(7) 能够熟练操作各种帧。

(8) 理解元件的概念，能够熟练创建不同类型的元件。

(9) 理解元件与实例的区别与联系。

(10) 理解图形元件和影片剪辑元件的区别。

(11) 能够通过各种媒体资源搜索并处理素材。

(12) 审美能力得到进一步提升。

(13) 能够对训练项目举一反三，灵活运用。

(14) 通过小组合作，沟通能力、制订方案和解决问题能力进一步加强。

2.1　知识准备

2.1.1　钢笔工具的使用

一、钢笔工具组

使用钢笔工具组可以自由地创建各种线条，该工具组中包括四种工具，分别是"钢笔"工具、"添加锚点"工具、"删除锚点"工具和"转换点"工具。默认状态下，工具箱上显示的是"钢笔"工具按钮，如图 2-1-1 所示。

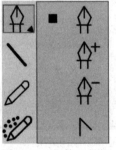

图 2-1-1　钢笔工具组

钢笔工具

钢笔工具组中各图标含义如下：

(1) 带小叉的钢笔：绘制路径时表示未落笔状态，点击鼠标左键相当于画线的起点。

(2) 小尖角形状的钢笔：表示钢笔编辑状态。点击鼠标左键相当于选中路径的节点。

(3) 黑箭头：当选中节点后，继续按住左键不放，拖动鼠标可以改变路径的弯曲程度，此时钢笔变成一个小黑箭头，松开左键，小黑箭头变成什么都不带的钢笔。

(4) 钢笔：表示已经画了起点，正在等待确定下一个节点，点击鼠标左键确定下一个节点。节点是指用指针工具选中图形时出现的原图没有的很小的实心方块。

(5) 带小圆圈的钢笔：表示线的起点就是该点，点击鼠标左键，则该条线完成，钢笔重新回到带小叉的状态。

(6) 带减号的钢笔：表示钢笔工具正指向一个节点，点击鼠标左键可以删除该节点，点击鼠标左键后继续按住左键不放，拖动鼠标可以改变相邻两线的弯曲程度，此时钢笔变成一个小黑箭头形状。

(7) 带加号的钢笔：表示钢笔工具正指向两个节点中的连线上，点击鼠标左键可以增加新节点。

二、贝塞尔曲线

贝塞尔曲线又称贝兹曲线或贝济埃曲线，是应用于二维图形应用程序的数学曲线。一般的矢量图形软件通过它来精确地画出曲线，Flash 软件中的钢笔工具使用的即是这种曲线。贝塞尔曲线由线段与节点组成，节点是可拖动的支点，线段像可伸缩的皮筋，贝赛尔曲线的每一个顶点都有两个控制点，用于控制在该顶点两侧的曲线的弧度。贝塞尔曲线上的所有控制点、节点均可编辑，这种"智能化"的矢量线条为艺术家提供了一种理想的图形编辑与创造的工具。

任何一条不规则曲线都可以通过曲线上包含的每一个点加两个控制柄来准确描述，或者说曲线上的每一条最基本的曲线段都可以通过该段的两个端点和在这两个端点上加两个控制柄来准确描述。改变控制柄的角度和长度，可以改变曲线的曲率。贝塞尔曲线的有趣之处就在于它的"皮筋效应"，随着点有规律地移动，曲线将产生像皮筋一样的变换，如图 2-1-2 所示。

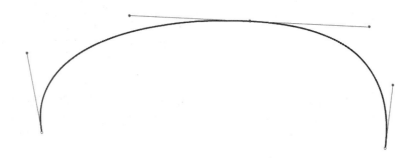

图 2-1-2　贝塞尔曲线

三、部分选取工具

单击工具箱中的部分选取工具，或者按下快捷键 A 即可切换到部分选取工具，该工具主要用于对钢笔绘制的线段和图形的锚点进行调整。在钢笔工具状态下，按下 Ctrl 键不放，也可以切换为部分选取工具，形状为白箭头。

1. 调整线段

使用部分选取工具单击某一线段，线段的两端会出现两个控制点，即锚点(也称为节点、控制点)，选中某一个锚点并移动，可以改变线段的位置。

2. 将直线调整为曲线

使用部分选取工具选中锚点，按住鼠标移动可以改变直线锚点的位置，如果按下 Alt 键移动，会出现一条控制杆，可以将直线调整为曲线。

3. 配合钢笔工具使用

使用钢笔工具绘制完线段后，线段上会有锚点和控制杆，使用部分选取工具可以对钢笔工具绘制的线段进行调整，按下 Alt 键调整控制杆，可以单独对所选的控制杆进行调整。

4. 对图形轮廓及图形填充的调整

使用椭圆工具绘制带有轮廓和内部填充的椭圆，使用部分选取工具单击椭圆轮廓线，会在轮廓线上出现 8 个控制点，可以对控制点进行调整，内部填充也会随之改变。使用部分选取工具框选椭圆，框选的部分会呈现锚点，使用键盘上的上、下、左、右四个方向键可以对图形进行调整。

注意： 使用椭圆工具绘制的没有轮廓只有内部填充的椭圆，在使用部分选取工具选择椭圆边缘时，也会出现 8 个控制点。使用部分选取工具，可以对各个控制点进行调整，使用锚点转换工具可以将直角变为曲线，如图 2-1-3 所示。

使用矩形工具绘制的带有轮廓和内部填充的矩形，在使用部分选取工具选择轮廓线时，可以对矩形的 4 个控制点进行调整，使用锚点转换工具可以将直角变为曲线，如图 2-1-4 所示。

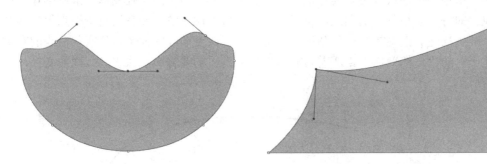

图 2-1-3   部分选取工具(一)   图 2-1-4   部分选取工具(二)

如果画面中有多个图形，可以在调整一个图形的同时，按下 Shift 键单击另外一个图形，即可选择多个图形同时进行编辑操作。使用部分选取工具进行框选也可以选择多个图形同时进行操作，如图 2-1-5 所示。

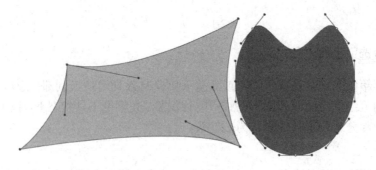

图 2-1-5   部分选取工具(三)

5. Alt 键

对于直角线段和直线的锚点，按下 Alt 键可以将直角线段和直线改变为曲线。在调整曲线时，可以使用部分选取工具选取控制点，此时会出现两条控制杆，普通操作时控制杆会同时改变位置，按下 Alt 键可以只对其中一条控制杆进行调整，另外一条不受影响。如果不选择锚点，而是选择线段，按下 Alt 键时拖动可以复制线段。

6. Ctrl 键

使用部分选取工具时，按下 Ctrl 键可以临时切换为任意变形工具，可以对图形或线段进行调整，松开 Ctrl 键即可变回部分选取工具。

7. Shift 键

使用部分选取工具对多个图形进行修改操作时可以按下 Shift 键。

8. Delete 键

使用部分选取工具选中锚点后，按下 Delete 键可以删除锚点。

2.1.2 认识补间动画

一、认识补间动画

1. 补间动画的概念

补间动画是指在 Flash 的时间帧面板上，在一个关键帧上放置一个元件，然后在另一个关键帧改变这个元件的大小、颜色、位置、透明度等时，Flash 将自动根据二者之间的帧的值产生中间动画。

补间动画是一种最大程度地减小文件大小的同时创建随时间移动和变化的动画的有效方法，它是 Flash 中非常重要的表现手段之一。

补间动画

2. 补间动画形式

在 Flash 动画制作中补间动画分为即形状补间动画与动画补间动画两种，动画补间又包括传统动画补间和动画补间两种操作方式，Flash CC 包括如下三种补间动画形式：

(1) 创建传统补间动画：用于制作位置、旋转、放大/缩小、透明度等变化效果的动画。

(2) 创建补间动画：用于制作传统补间动画效果的动画，外加 3D 补间动画。

(3) 创建补间形状：用于制作形状变形效果的动画。

3. 补间动画的构成元素

构成补间动画的元素是元件，包括影片剪辑、图形元件、按钮等，除了元件，其他元素(包括文本)都不能创建补间动画，只有把形状"组合"或者"转换成元件"后才可以制作补间动画。

二、创建传统补间动画

传统补间动画需要两个关键帧，首先在第一个关键帧中制作内容，然后转化为元件，再在时间轴上创建第二个关键帧，修改第二个关键帧中的元件位置等信息，最后在两个关键帧中间的任意一帧上右击选择"创建传统补间"即可，时间轴呈淡蓝色并且显示长箭头，如果出现虚线，则表示该动画创建失败。

创建传统补间动画的具体示例如下：

(1) 在时间轴第 1 帧绘制圆形，按下快捷键 F8 打开"转换为元件"对话框，输入名称

"小球"，选择类型"图形"元件，即将其转化为图形元件，如图 2-1-6 所示。

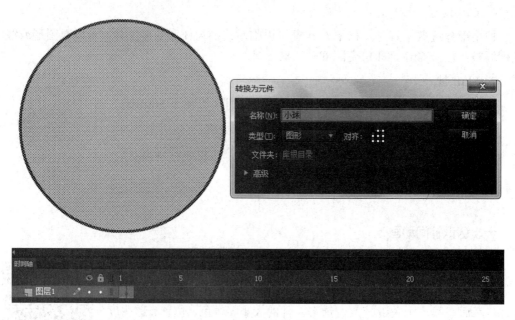

图 2-1-6　转换为图形元件

(2) 在时间轴第 15 帧按下快捷键 F6 插入一个关键帧，选中该关键帧，按下快捷键 Q 切换到任意变形工具，将小球放大，如图 2-1-7 所示。

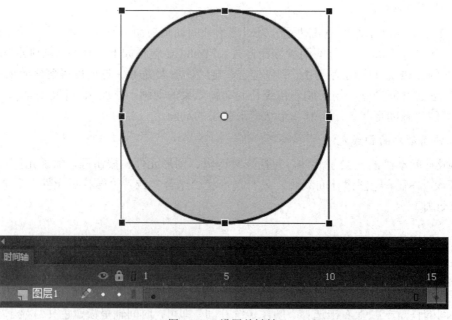

图 2-1-7　设置关键帧

(3) 在第 1 帧和第 15 帧之间的任意一帧上右击，在弹出的快捷菜单中选择"创建传统补间动画"命令，即会在第 1 帧和第 15 帧之间自动产生一根黑色双箭头直线，同时第 1 帧到第 15 帧之间的所有帧以蓝色底色显示，如图 2-1-8 所示。

图 2-1-8　创建传统补间动画

(4) 按下回车键预览时间轴动画，即会产生小球由大到小的变化动画。

注意：传统补间动画只需要设置起始关键帧和结束关键帧对象的状态，系统会自动生成中间动画。传统补间动画中间的帧称作过渡帧，过渡帧因为由系统自动生成而无法进行编辑。

三、创建补间动画

Flash CS4 及以上版本使用基于对象的动画对个别动画属性实现全面控制，它将补间直接应用于对象而不是关键帧。补间动画不再是通过设置开始帧和结束帧设置动画，而是只需要设置开始帧就可以做动画了。

创建补间动画的具体示例如下：

(1) 在时间轴第 1 帧绘制矩形，按下快捷键 F8 打开"转换为元件"对话框，输入名称"矩形"，选择类型"图形元件"，即可将其转化为图形元件。

(2) 在时间轴第 15 帧处按下快捷键 F5 插入普通帧，普通帧以矩形方框结束，如图 2-1-9 所示。

图 2-1-9　创建普通帧

(3) 在第 1 帧和第 15 帧之间的任意一帧上右击，在弹出的快捷菜单中选择"创建补间动画"命令，即在第 1 帧到第 15 帧之间创建了补间动画，时间轴上的帧以蓝色底色显示，如图 2-1-10 所示。

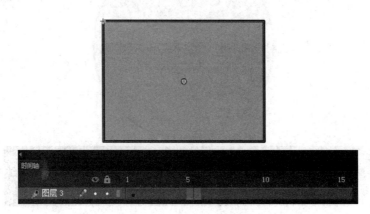

图 2-1-10　创建补间动画

(4) 选中第 15 帧，拖动矩形到右侧位置，即会在初始位置和结束位置自动生成一个线段路径，如图 2-1-11 所示。

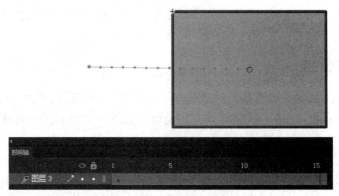

图 2-1-11　设置补间动画

(5) 按下回车键预览时间轴动画，即会产生矩形从左到右运动的动画。

(6) 选中路径上的节点，拖曳鼠标，可以更改矩形的运动轨迹，如图 2-1-12 所示。

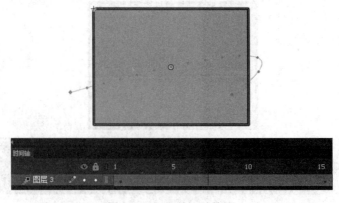

图 2-1-12　调整运动轨迹

2.1.3　元件与实例

一、实例的概念

当把元件从库中拖放到舞台上时，就称作该元件的一个实例，一个元件可以有很多个实例，而一个实例只归属某一个元件。每个实例都有自己的属性，在属性面板上可以对实例进行整体缩放、旋转、调色等操作，还可以单独对某个实例进行命名以方便操作。

元件和实例　　　元件的直接复制

二、修改实例类型

三种类型的元件在舞台上的实例都可以相互转换角色。方法是在属性面板中更改类型，例如使用影片剪辑元件实例时，可以把它转换为图形元件，如图 2-1-13 所示。

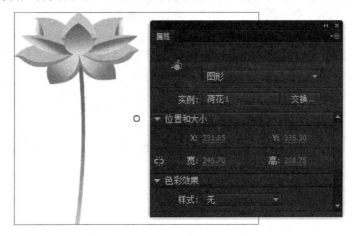

图 2-1-13　修改实例类型

三、元件与实例的关系

元件是类的概念，实例是具体的对象。元件和实例的名称是两种不同的标识方式，在库面板看到的是元件名称，在舞台上选中该元件的某个实例，属性面板中出现的是实例名称。

编辑元件会更新它所产生的所有实例，但对元件的一个实例应用效果则只更新该实例，即编辑实例不会影响它所在的元件内容，也不会影响同一元件创建的其他实例内容。

2.1.4　图形元件

一、图形元件的概念

图形元件与影片
剪辑元件

在 Flash 中图形元件适用于静态图像的重复使用，或者创建与主时间轴相关联的动画，图形元件与影片的时间轴同步运行。图形元件不能提供实例名称，也不能在动作脚本中被引用，主要使用在不需要循环的动画或作静止的背景，以及作为运动补间动画的关键帧时使用。

二、常用属性设置

元件不仅可以重复使用，还可以通过设置该元件不同实例的属性制作出千变万化的效果。

1. 位置和大小

通过输入实例的 X 和 Y 坐标数值可以精确地定位，通过输入实例的宽度和高度数值可以精确地修改大小，大小设置左侧的链接图标打开时代表不约束宽高比，闭合时代表约束宽高比，如图 2-1-14 所示。

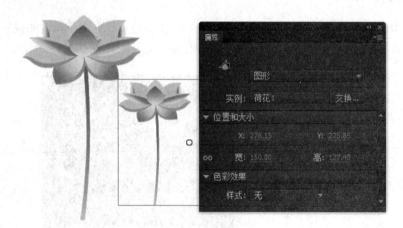

图 2-1-14　位置和大小

2. 色彩效果

选中图形元件的某个实例，打开属性面板，可以为实例整体设置多种色彩效果，如图 2-1-15 所示。

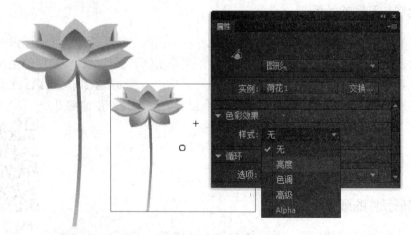

图 2-1-15　色彩效果

(1) 亮度：主要用来调节图形的黑白偏向程度，可以拖动滑块进行设置，也可以直接在文本框中输入百分比进行设置。当滑块处于最左侧，数值为-100%时，实例为纯黑色，当滑块处于最右侧，数值为 100%时，实例为纯白色，如图 2-1-16 所示。

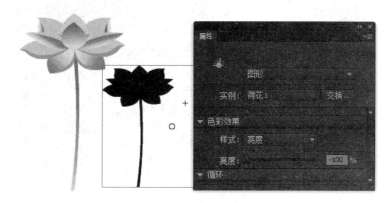

图 2-1-16　亮度

　　(2) 色调：主要用来调整元件的色调，选择以什么颜色为主色调，那么调整下面的参数都会在这个色调下进行。单击"样式"右侧的颜色块选择某种颜色作为主色调，下方的"色调"项用来定义该主色调所占的比例，可以拖动滑块进行设置，也可以直接在文本框中输入百分比进行设置，如图 2-1-17～图 2-1-19 所示。

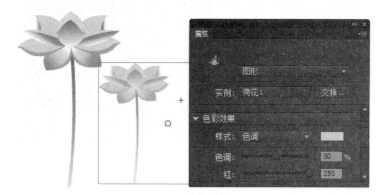

图 2-1-17　色调调整(一)

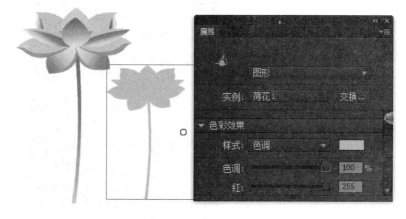

图 2-1-18　色调调整(二)

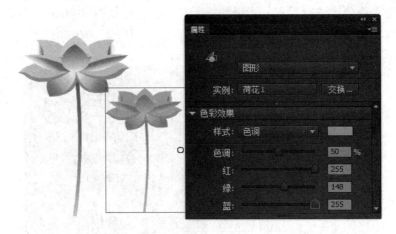

图 2-1-19　色调调整(三)

(3) 高级：可以同时对色调、透明度等进行调整，方法比较灵活，使用的组合比较多，如图 2-1-20 所示。

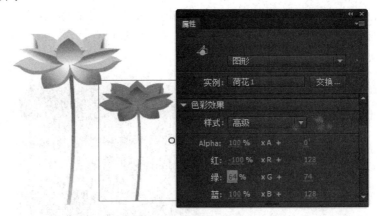

图 2-1-20　高级设置

(4) Alpha：设置元件透明度，数值为 0 时完全透明，数值为 100 时完全显示，如图 2-1-21 所示。

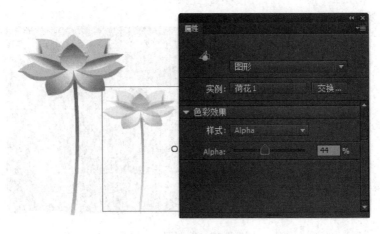

图 2-1-21　设置透明度

3. 循环

图形元件也可以存放动画,其动画依附于主时间轴播放,例如图形元件里有 10 帧动画,当它被拖放到舞台上后,如果时间轴上只有 1 帧,则该图形元件只播放第 1 帧的内容;如果时间轴上有 50 帧,则这个图形元件就会在 50 帧内循环播放 5 次,也就是说时间轴上的帧数是多少,它就循环播放该帧数。

选中某个图形元件,打开属性面板可进行动画播放设置,如图 2-1-22 所示。

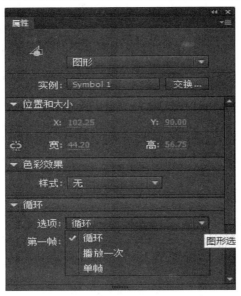

图 2-1-22　循环设置

(1) 循环:图形元件会根据它所在的时间轴上的帧数循环播放,在"第 1 帧"后面的文本框中可以输入起始播放的帧数。

(2) 播放一次:图形元件中的动画只会播放一次。

(3) 单帧:无论图形元件里的动画有多长,多么复杂,当它被拖入到时间轴上也只会显示一帧,里面其他动画都会被忽略。

2.1.5　影片剪辑元件

一、影片剪辑元件的概念

影片剪辑元件可以理解为电影中的小电影,用于创建可重复使用的动画片段。影片剪辑元件拥有自己的独立于主时间轴的多帧时间轴,可以完全独立于主场景时间轴并且可以重复播放。影片剪辑元件可以包含交互式控件、声音甚至其他剪辑实例,也可以将影片剪辑实例放在按钮元件的时间轴内,以创建动画按钮。

图形元件与影片
剪辑元件

二、常用属性设置

影片剪辑元件的位置和大小、色彩效果同图形元件。

2.1.6　图形元件与影片剪辑元件

一、相同点

图形元件与影片剪辑元件的相同点是都可以重复使用，且当需要对重复使用的元素进行修改时，只需编辑元件，而不必对所有该元件的实例一一进行修改，Flash 会根据修改的内容对所有该元件的实例进行更新。此外，影片剪辑中可以嵌套另一个影片剪辑，图形元件中也可以嵌套另一个图形元件。

图形元件与影片
剪辑元件异同

二、区别及注意问题

图形元件与影片剪辑元件的区别及注意问题如下：

(1) 影片剪辑元件独立于主时间轴，即使主时间轴上只有一帧，也能够完全播放；图形元件依附于主时间轴，在主时间轴上必须有足够的帧数才能完全播放。

(2) 图形元件与所在地时间轴是严格同步的，时间轴暂停了，图形元件也会跟着暂停播放，而影片剪辑元件就必须使用动作脚本来暂停。

(3) 影片剪辑元件在主时间轴上无法预览动画效果，在场景中敲回车键测试时看不到实际播放效果，只有发布时才能观看动画；图形元件可以在主时间轴上实时观察到动画效果。

(4) 影片剪辑中可以包含声音，只要将声音绑定到影片剪辑时间轴中，那么播放影片剪辑时也会播放声音，但是在图形元件中即使包含了声音，播放时也不会发声。

(5) 影片剪辑可以设置实例名称，图形元件则不行。

(6) 影片剪辑可以设置滤镜，图形元件则不行。

(7) 图形元件可以设置播放方式，即动画开始播放的帧数；影片剪辑只能从第一帧开始循环播放。如果要让影片剪辑实现图形元件一样的播放方式，只能借助动作脚本来实现。

注意：

影片剪辑由于肩负着重大的控制任务，使得数据结构变得复杂，也增大了播放器的负担。使用图形元件可以减轻播放器的负担，所以在可以使用图形元件来实现的地方，就不要使用影片剪辑了。

2.2　技　能　训　练

2.2.1　绘制动漫人物

Flash 中的钢笔工具最大功能在于绘制曲线。在贝塞尔曲线上会显示出控制曲率的切线控制点，通过调整这些控制点可以随心所欲地绘制图像。本小节中的"活力少女"动漫人物通过分图层绘制一幅动漫角色形象，训练钢笔工具组的使用，使绘图能力得到进一步提高，同时强化对图层关系的理解和图层设置能力。

技能训练绘制
动漫人物

一、绘制面部

绘制动漫人物面部的步骤如下:

(1) 新建 Flash 文档,大小为 800 px × 600 px。

(2) 将图层 1 重命名为"面部",使用钢笔工具绘制轮廓,综合使用锚点转换、添加锚点、删除锚点、部分选取工具调整贝塞尔曲线,绘制面部轮廓,填充颜色,如图 2-2-1 所示。

(3) 新建图层并命名为"头发",使用钢笔工具组绘制头发,填充颜色,如图 2-2-2 所示。

图 2-2-1　绘制面部　　　　　　　　　　图 2-2-2　绘制头发

(4) 新建图层并命名为"高光",使用钢笔工具组绘制高光,填充颜色,如图 2-2-3 所示。

图 2-2-3　绘制高光

(5) 新建图层文件夹并命名为"眼睛",新建图层分别命名为"眼白""眼皮""眼珠""眼眶""高光",绘制眼睛,如图 2-2-4～图 2-2-8 所示。

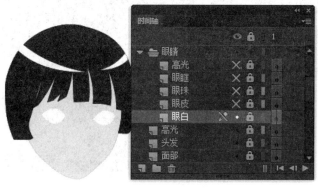

图 2-2-4　眼白图层

图 2-2-5　眼皮图层

图 2-2-6　眼珠图层

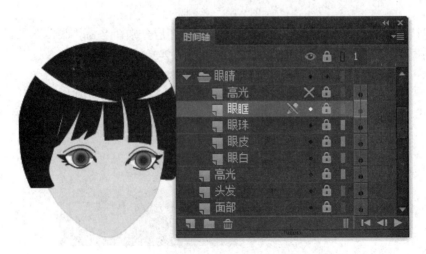

图 2-2-7　眼眶图层

图 2-2-8 高光图层

(6) 新建图层并命名为"脸上阴影"，绘制阴影，如图 2-2-9 所示。

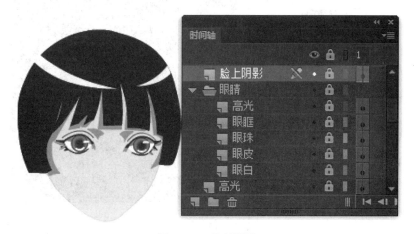

图 2-2-9 绘制阴影

(7) 分别新建图层，绘制耳朵、眉毛、鼻子、嘴巴、马尾辫，如图 2-2-10～图 2-2-14 所示。

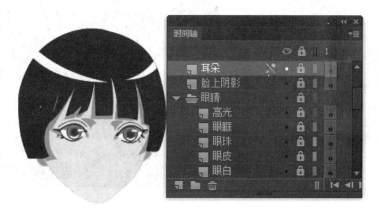

图 2-2-10 绘制耳朵

图 2-2-11　绘制鼻子

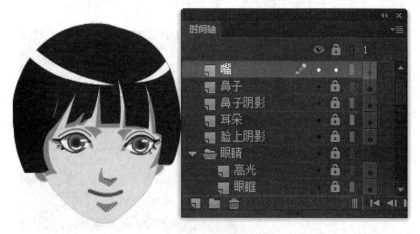

图 2-2-12　绘制嘴

图 2-2-13　绘制眉毛

图 2-2-14　绘制马尾辫

（8）新建图层文件夹，命名为"头部"，按住 Shift 键的同时选中所有图层，拖动所选图层到"头部"文件夹下方，出现圆圈加一条黑线标志，松开鼠标即将所选图层归类到"头部"文件夹中，如图 2-2-15 所示。

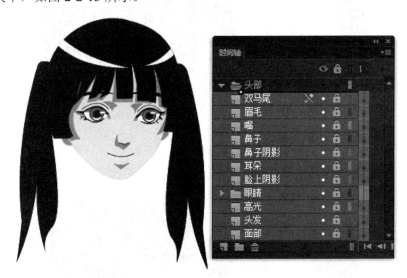

图 2-2-15　归类图层

（9）单击"头部"图层文件夹左侧的三角图标折叠图层文件夹。

二、绘制衣服

绘制人物衣服的步骤如下：

（1）新建图层并命名为"脖子"，绘制脖子，将"脖子"图层拖放到最底层，如图 2-2-16 所示。

图 2-2-16　绘制脖子

　　(2) 新建图层，分别绘制毛衣、毛衣领、外套、花纹等内容，如图 2-2-17～图 2-2-24
所示。

图 2-2-17　绘制阴影

图 2-2-18　绘制毛衣

图 2-2-19　绘制毛衣领

图 2-2-20　绘制外套

图 2-2-21　绘制花纹 1

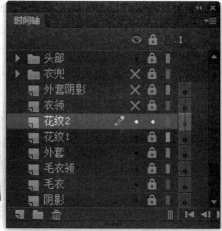

图 2-2-22　绘制花纹 2

图 2-2-23　绘制衣领

图 2-2-24　绘制外套阴影

(3) 新建图层文件夹，命名为"衣兜"，新建图层，分别绘制衣兜，如图 2-2-25～图 2-2-28 所示。

图 2-2-25 绘制外套兜

图 2-2-26 绘制外套兜阴影

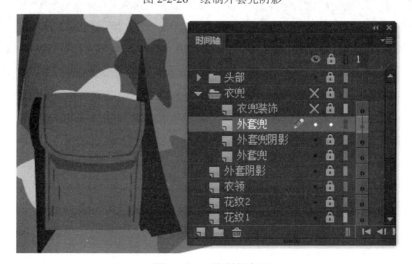

图 2-2-27 绘制外套兜

图 2-2-28　绘制外套兜装饰

(4) 新建图层文件夹，命名为"衣服"，将所有绘制衣服的图层拖放到该文件夹中，如图 2-2-29 所示。

图 2-2-29　归类图层

三、整体调整

绘制完成后，对人物进行整体调整。

(1) 折叠"衣服"图层。

(2) 新建图层并命名为"背景"，导入背景图片，设置好大小和位置，使之与舞台匹配。

(3) 解锁所有图层，锁定背景层，选中少女，使用任意变形工具整体修改大小和位置，如图 2-2-30 所示。

图 2-2-30 整体布局

(4) 发布文件，预览绘画效果，微调图形。

2.2.2 制作钟表动画

一、绘制钟表

绘制钟表的步骤如下：

(1) 新建 Flash 文档，大小为 800 px × 600 px。

(2) 按下快捷键 Ctrl + F8 创建新元件，名称为"钟表"，类型为"图形元件"，单击"确定"按钮即进入该元件的编辑层级。

(3) 将图层 1 重命名为"嘴巴"，使用线条工具，配合选择工具，绘制嘴巴轮廓，填充黄色，如图 2-2-31 所示。

(4) 新建图层并命名为"身体 1"，使用线条工具，配合选择工具，绘制身体轮廓，填充蓝色，如图 2-2-32 所示。

(5) 新建图层并命名为"身体 2"，使用线条工具，配合选择工具，绘制身体轮廓，填充黄色，如图 2-2-33 所示。

技能训练制作
钟表动画

图 2-2-31 绘制嘴巴

图 2-2-32 绘制身体

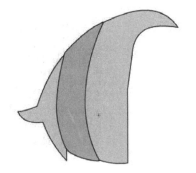
图 2-2-33 绘制身体

(6) 新建图层并命名为"尾巴",使用线条工具,配合选择工具,绘制尾巴轮廓,填充蓝色,如图 2-2-34 所示。

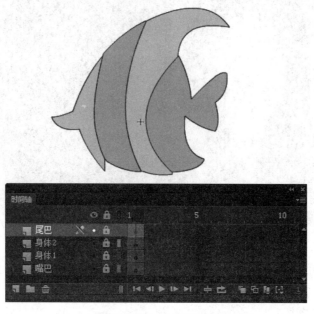

图 2-2-34 绘制尾巴

(7) 新建图层并命名为"表盘",使用椭圆工具,按住 Shift 键的同时拖曳鼠标绘制一个正圆,填充颜色代码为 #3B5459,如图 2-2-35 所示。

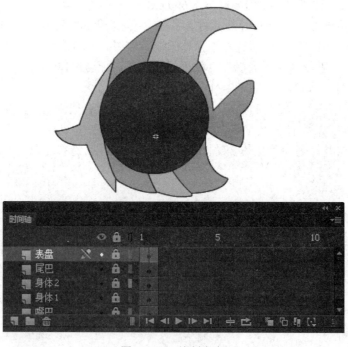

图 2-2-35 绘制表盘

(8) 新建图层并命名为"内表盘",使用椭圆工具,按住 Shift 键的同时拖曳鼠标绘制一个正圆，填充颜色为银白色，如图 2-2-36 所示。

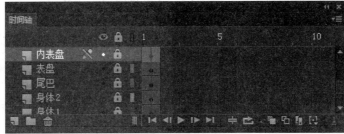

图 2-2-36　绘制内表盘

(9) 新建图层并命名为"内圆"，选择填充颜色为无，使用椭圆工具绘制一个正圆轮廓，如图 2-2-37 所示。

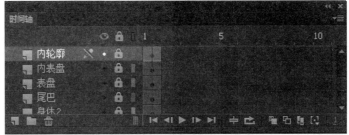

图 2-2-37　绘制内轮廓

(10) 新建图层并命名为"数字"，使用文本工具输入表盘上的数字，打开属性面板，设置好字体、字号、颜色、大小等信息，并安排好位置，如图 2-2-38 所示。

(11) 新建图层并命名为"眼睛 1"，使用椭圆工具绘制眼睛，填充深蓝色，如图 2-2-39 所示。

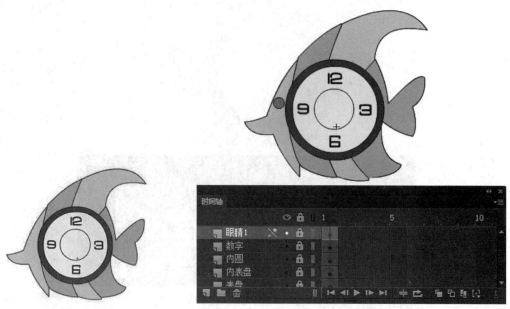

图 2-2-38　输入数字　　　　　　　　　　　　　图 2-2-39　绘制眼睛 1

(12) 新建图层并命名为"眼睛 2"，使用椭圆工具绘制眼睛，填充浅蓝色，如图 2-2-40 所示。

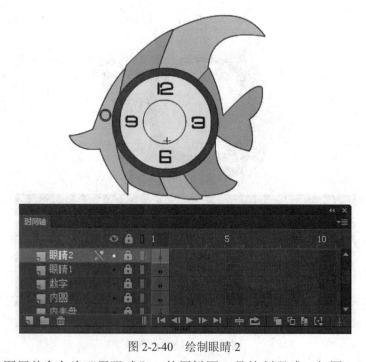

图 2-2-40　绘制眼睛 2

(13) 新建图层并命名为"黑眼球"，使用椭圆工具绘制眼球，如图 2-2-41 所示。

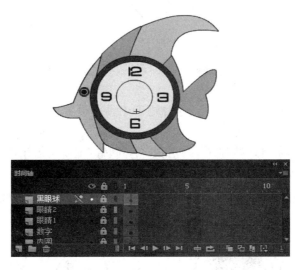

图 2-2-41　绘制眼球

(14) 新建图层并命名为"表杆"，使用矩形工具绘制表杆，填充蓝色，如图 2-2-42 所示。

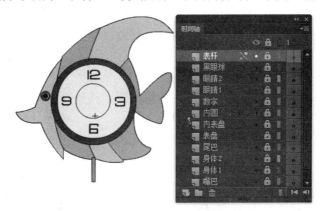

图 2-2-42　绘制表杆

(15) 将"表杆"图层拖动到最底层。新建图层并命名为"海螺"，综合使用椭圆工具、线条工具、选择工具绘制海螺轮廓，填充粉色，如图 2-2-43 所示。

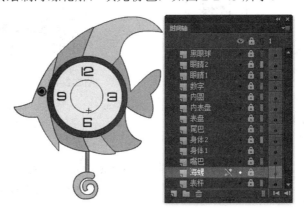

图 2-2-43　绘制海螺

二、绘制表针

绘制表针的步骤如下：

(1) 回到主场景，将图层 1 重命名为"钟表"，打开库，拖动"钟表"元件到舞台上，调整好大小和位置。

(2) 新建图层并命名为"时针"，选择矩形工具，设置笔触颜色为无，填充颜色为黑色，绘制矩形。

(3) 使用任意变形工具，按住 Ctrl + Shift 的同时，拖动右上角手柄到中间位置，矩形即变为等边三角形，如图 2-2-44 所示。

图 2-2-44　绘制表针(一)

(4) 缩放三角形调整好大小，使用线条工具绘制直线，打开属性面板设置线条粗细，调整时针的大小和位置，如图 2-2-45 所示。

(5) 新建图层并命名为"分针"，同理绘制分针。

(6) 新建图层并命名为"表针中心"，使用椭圆工具绘制正圆表心，填充黄色。调整好时针、分针和表心的位置，如图 2-2-46 所示。

图 2-2-45　绘制表针(二)

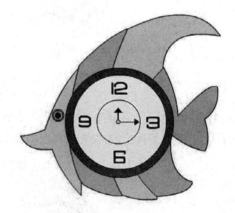

图 2-2-46　绘制表针(三)

三、制作表针动画

制作表针动画的步骤如下：

(1) 锁定所有图层，单击"表针中心"图层的第 50 帧方格，按住 Shift 键的同时再次单击"钟表"图层的第 50 帧方格，按下快捷键 F5 创建普通帧，所有图层的帧数即同时延长到了第 50 帧。

(2) 选择菜单"视图 > 标尺"命令，或者按下快捷键 Ctrl + Shift + Alt + R，打开标尺，观察工作区，此时在舞台的左方和上方会显示标尺。按住鼠标左键不动，从左边的标尺上向右拖动，即产生一条竖直参考线，再次按住鼠标左键不动，从上边的标尺上向下拖动，即产生一条水平参考线，标尺默认显示为绿色。使用选择工具放在参考线上，按住鼠标左键拖动可以修改参考线的位置，调整参考线的位置到表针中心，如图 2-2-47 所示。

(3) 解锁"时针"图层，选中时针，转换为元件，命名为"时针"，类型为图形元件。

(4) 使用任意变形工具选中时针，按住鼠标左键不动，拖曳变形中心点到表针中心，即两个参考线交叉的中心点，时针在做圆周运动时会以此中心点为中心进行旋转，如图 2-2-48 所示。

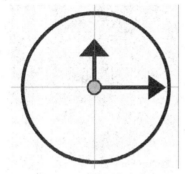
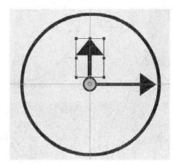

图 2-2-47　设置参考线　　　　　　　　图 2-2-48　修改变形中心点

(5) 在"时针"图层的第 50 帧，按下快捷键 F6 创建关键帧。

(6) 在"时针"图层第 1 帧到第 50 帧之间的任意一帧上右击，在弹出的快捷菜单中选择"创建传统补间"，此时在时间轴上第 1 帧到第 50 帧之间会产生一根双向箭头，即创建了传统补间动画。

(7) 选中"时针"图层第 1 帧到第 50 帧之间的任意一帧，打开属性面板，在"补间"选项下方的"旋转"下拉列表中选择"顺时针"，其后的文本框中输入"1"，用于设置顺时针旋转的圈数，如图 2-2-49 所示。

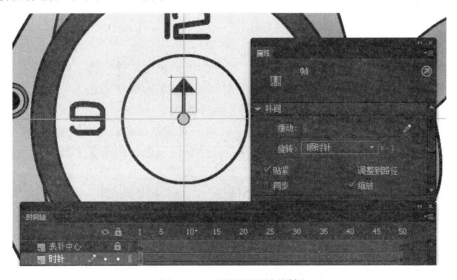

图 2-2-49　设置顺时针旋转

(8) 按下回车键观察时间轴动画，时钟顺时针旋转一圈。

(9) 锁定"时针"图层，解锁"分针"图层，将分针转换为元件，名称为"分针"，类型为图形元件。

(10) 同理制作分针动画，首先调整分针的变形中心点到表针中心，然后在第 50 帧创建关键帧，创建传统补间动画，设置属性面板顺时针旋转 3 圈，如图 2-2-50 所示。

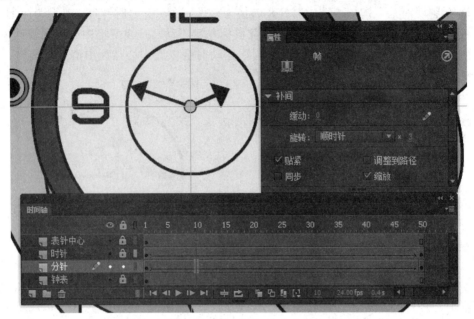

图 2-2-50　制作分针动画

(11) 发布动画观察效果，微调动画。

四、制作钟摆动画

制作钟摆动画的步骤如下：

(1) 切换到选择工具，或者按住 Ctrl 键不动，拖曳参考线到场景之外，即可删除参考线。

(2) 解锁"钟表"层级，双击舞台或者库中的"钟表"，进入该元件编辑层级。按住 Shift 键同时选中"表杆"和"海螺"两个图层的关键帧，在帧上右击，在弹出的快捷菜单中选择"剪切帧"，删除"表杆"和"海螺"两个图层。

(3) 按下快捷键 Ctrl + F8，打开"创建新元件"对话框，命名为"钟摆"，类型为"图形元件"，单击"确定"按钮即进入"钟摆"元件编辑层级。在图层 1 第 1 帧上右击，在弹出的快捷菜单中选择"粘贴帧"。

(4) 回到主场景，新建图层并命名为"钟摆"，拖动到最底层。

(5) 当前图层为"钟摆"图层，当前帧为第 1 帧，打开库，拖动"钟摆"元件到舞台上，即产生了该元件的一个实例。调整好钟摆的位置。

(6) 使用任意变形工具选中钟摆，拖动变形中心点到钟摆杆顶部的中心位置，钟摆将以此点为中心作左右摆动的运动，如图 2-2-51 所示。

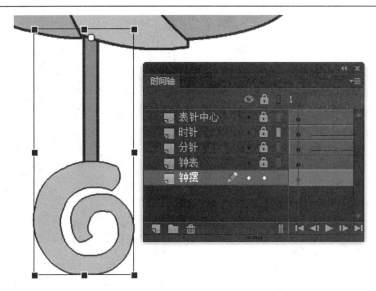

图 2-2-51　修改变形中心点

（7）选中"钟摆"图层第 25 帧，按下快捷键 F6 创建关键帧，在第 1 帧到第 25 帧之间的任意一帧右击，在弹出的快捷菜单中选择"创建传统补间"。

（8）选中第 1 帧，打开变形面板，在"旋转"后面的文本框中输入 30 度。钟摆即以新设置的中心点为中心，旋转 30 度，如图 2-2-52 所示。

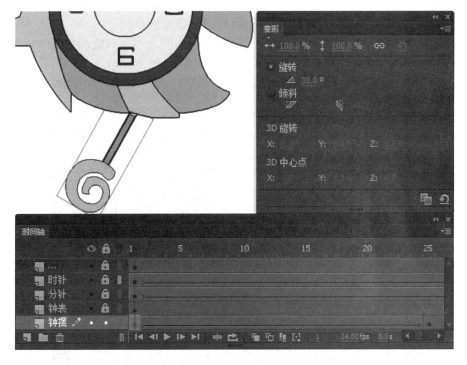

图 2-2-52　设置第 1 帧

（9）选中第 25 帧，打开变形面板，在"旋转"后面的文本框中输入-30°，如图 2-2-53 所示。

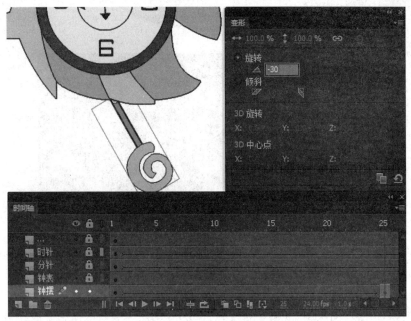

图 2-2-53　设置第 25 帧

(10) 按下回车键观察时间轴动画效果，钟摆由左上方运动到右上方，至此完成钟摆运动的一半动画。

(11) 在"钟摆"图层，第 50 帧处按下快捷键 F6 创建关键帧，在第 25 帧到第 50 帧之间的任意一帧上右击，在弹出的快捷菜单中选择"创建传统补间"。

(12) 选中第 50 帧，打开变形面板，在"旋转"后面的文本框中输入 30°，如图 2-2-54 所示。

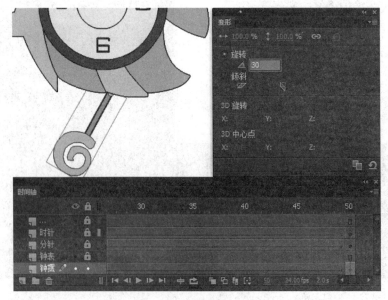

图 2-2-54　设置第 50 帧

(13) 按下回车键观察时间轴动画效果，钟摆由左上方运动到右上方，再接着由右上方返回到左上方，至此完成钟摆运动的一个完整循环动画。

(14) 发布动画观察效果，微调动画。

(15) 时间轴安排及库面板如图 2-2-55 所示。

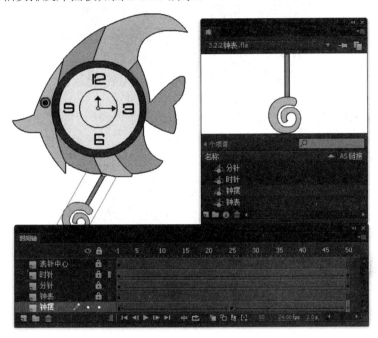

图 2-2-55　时间轴和库面板

2.2.3　制作风吹字

一、制作背景图片

技能训练制作
风吹字

风吹字效果的背景图片制作步骤如下：

(1) 打开 Photoshop 软件，打开背景图片，如图 2-2-56 所示。

图 2-2-56　打开背景图片

(2) 选中矩形选框工具，在上方的工具属性栏中，"样式"右侧的下拉列表选择"固定比例"，在宽度和高度文本框中分别输入 4 和 3，此时矩形选区的宽高比为 4∶3，如图 2-2-57 所示。

图 2-2-57 设置矩形选框工具

(3) 拖曳鼠标做一个选区，执行菜单"图像 > 裁剪"命令，即得到一个宽高比为 4：3 的图片，执行菜单"图像 > 图像翻转 > 水平翻转"命令，水平翻转图片，然后保存图片，如图 2-2-58 所示。

图 2-2-58 裁剪图片

(4) 打开 Flash 软件，新建文档，大小为 800 px × 600 px，帧频为 12。

(5) 将图层 1 重命名为"背景"，按下快捷键 Ctrl + R，打开导入对话框，选择处理好的背景图片，图片即导入到舞台上。

(6) 选中图片，按下快捷键 Ctrl + I，打开信息面板，在"宽"后面的文本框中输入 800，在"高"后面的文本框中输入 600，图片大小即修改为 800 px × 600 px。在 X 坐标后面的文本框中输入 0，在 Y 坐标后面的文本框中输入 0，图片左上角的坐标位置即修改为 0。由于图片大小和位置与舞台一致，此时背景图片与舞台完全重合，即完全覆盖住舞台，如图 2-2-59 所示。

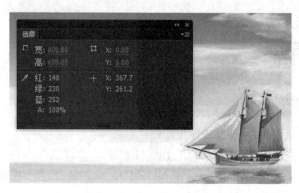

图 2-2-59 导入背景图片

　　默认对象 X 和 Y 坐标为左上角，点击 X 左上方的坐标标志，可以切换对象的坐标点为左上角或者中心点。本例中，如果选择坐标点为图片中心点，由于图片的宽和高分别是800 和 600 像素，因而需要修改图片的 X 和 Y 坐标分别为 400 和 300，图片才能完全和舞台重合，如图 2-2-60 所示。

图 2-2-60　修改坐标原点

　　(7) 选中第 200 帧，按下快捷键 F5 创建普通帧，延长图片显示时间。

二、制作文字动画

　　制作文字动画的步骤如下：

　　(1) 新建图层并命名为"众"，按下快捷键 T 切换为文字工具，在舞台左上角的位置输入文本"众"。调整好文字位置，打开属性面板，设置好字体、字号、样式、颜色等参数，如图 2-2-61 所示。

　　(2) 选中文字，按下快捷键 F8 将文字转化为图形元件，命名为"众"。

　　(3) 在主场景中，在"众"图层第 20 帧上按下快捷键 F6 创建关键帧，在第 1 帧到第20 帧之间的任意一帧上右击，在弹出的快捷菜单中选择"创建传统补间"，此时时间轴会出现一根双向箭头，即创建了第 1 帧到第 20 帧的传统补间动画。

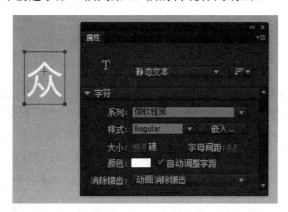

图 2-2-61　输入文字

　　(4) 选中第 20 帧，将"众"文字向右上方移动一段距离，选中文字，打开变形面板，断开等比例缩放链接图标，横向缩放文字。在"倾斜"选项中，沿竖直方向倾斜 180 度，文字即会做水平翻转，如图 2-2-62 所示。

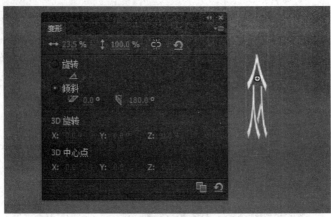

图 2-2-62　变形文字

(5) 选中文字，打开属性面板，在"色彩效果"选项，单击"样式"右侧下拉列表，选择"Alpha"，拖动下方的滑块到最左侧，或者直接在其后的文本框中输入 0，文字即变为透明，如图 2-2-63 所示。

图 2-2-63　设置文字透明

(6) 按下回车键观察时间轴动画效果，文字由左侧向右上方一边翻转一边移动，同时渐渐变为透明。

(7) 选中第 1 帧到第 20 帧之间的任意一帧，打开属性面板，在"补间"选项下方，在"缓动"文本框中输入数值为 −100，作用是让文字做加速运动，如图 2-2-64 所示。

图 2-2-64　设置缓动

　　Flash 中"缓动"的数值可以是 -100～100 之间的任意整数，代表运动元件的加速度。"缓动"是负数时，则对象做加速运动，"缓动"是正数时，则对象做减速运动，如果"缓动"是 0，则对象做匀速运动。

　　在第 21 帧按下快捷键 F7 创建空关键帧，按下回车键，观察时间轴上"众"字被风吹散的动画，微调动画。

　　(8) 锁定"众"图层，新建图层并命名为"里"，在第 4 帧按下快捷键 F6 创建关键帧，输入文字"里"并转换为图形元件。

　　(9) 同理，制作"里"字被风吹散的动画。首先在第 23 帧处创建关键帧，再创建第 4～23 帧的传统补间动画，再选中第 23 帧，打开变形面板，横向缩放"里"字，同时设置水平翻转，再选中补间动画之间的任意一帧，打开属性面板设置"缓动"。最后在第 24 帧按下快捷键 F7 创建空关键帧，如图 2-2-65 所示。

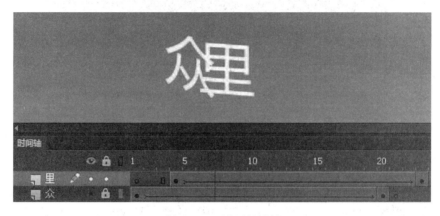

图 2-2-65　设置关键帧

　　(10) 同理，新建图层，分别制作其他文字被风吹散的效果，制作过程及参数设置同"众"字，制作过程中要注意每个文字的出场帧数和结束帧数，如图 2-2-66 所示。

图 2-2-66　时间轴

　　(11) 解锁"众"图层，在第 1 帧上右击，在弹出的快捷菜单中选择"复制帧"，在第 55 帧上右击选择"粘贴帧"，将文字挪动到之前消失的位置附近。打开变形面板，修改文字大小和翻转，如图 2-2-67 所示。

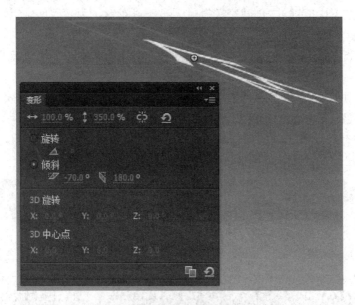

图 2-2-67　文字变形

　　(12) 选中"众"字，打开属性面板，同理，设置 Alpha 值为 0，使文字变为透明。

　　(13) 在"众"图层，将第 1 帧复制到第 80 帧，文字正常显示。

　　(14) 按下回车键观察动画效果，"众字"被风吹散，又吹回来，微调动画。

　　(15) 同理，分别制作其他文字的动画，如图 2-2-68 所示。

　　(16) 发布动画，观察动画效果，微调动画。

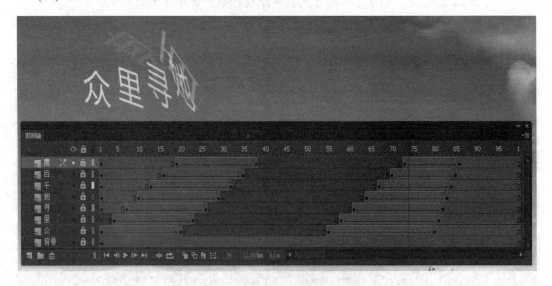

图 2-2-68　时间轴

2.3 项目实施

2.3.1 构思与设计

一、确定主题

第 2 篇项目重难点

泉眼无声惜细流，树阴照水爱晴柔，小荷才露尖尖角，早有蜻蜓立上头……我们会记得那些夏天，纵使它们只是留在记性中，而我们的青春也永远不会散场。"夏荷浮翠"动画即以记忆中的初夏为主题，描绘一幅美轮美奂的荷塘听雨图。

二、制订计划表

本项目计划使用课堂 14 学时，其中技能训练 6 学时，动画实施 8 学时，工作计划表如表 2-3-1、表 2-3-2 所示。

表 2-3-1　技能训练工作计划表

序号	工作内容	目的要求、方法和手段	时间安排
1	知识准备	在网络平台上自主学习，小组交流讨论。学习钢笔工具组、部分选取工具的使用方法，理解补间动画的含义，掌握动画补间动画的创建方法，进一步理解元件的作用，初步体会元件多层级嵌套的使用技巧	课前
2	技能训练 1	独立完成角色绘图，同桌互评 综合使用钢笔工具组的各种工具绘制动漫角色，合理搭配和填充颜色	课中 2 学时 + 课后
3	技能训练 2	独立完成钟表动画，同桌互评 学习和练习动画补间，理解和熟练设置各项参数，进一步熟练帧的各项操作，完成钟表时针和分针旋转走动的动画	课中 2 学时 + 课后
4	技能训练 3	独立完成风吹字动画，同桌互评 进一步理解补间动画的含义和作用，熟练掌握补间动画创建技巧，深入理解时间轴上的动画各元素的出场顺序，完成文字逐个被风吹散的动画	课中 2 学时 + 课后
5	强化练习	课后自主进行，小组合作，进一步完善和修改技能训练作品 有能力的同学可以从技能训练库中自主选择本项目的其他案例强化练习	课后

表 2-3-2　动画实施工作计划表

序号	工作内容	目的要求、方法和手段	时间安排
1	构思和设计	1. 搜索资料，欣赏优秀作品，上传和共享资料，小组交流 2. 独立思考，确定主题 3. 确定作品整体风格和基调 4. 撰写剧本：安排动画各个镜头的时间和内容，必要时绘制分镜头脚本 5. 细分元件：思考并细分元件，思考元件之间的嵌套关系 6. 安排时间轴：思考并细分时间轴上的图层和元件	课前
2	绘制山水背景	独立完成，同桌间互助 分别创建元件，分图层绘制荷塘背景，拼合各个元件并进行排版布局	课中 2 学时 + 课后
3	绘制荷花	独立完成，同桌间互助 分别创建元件，分图层绘制荷花，拼合各个元件并进行排版布局	
4	小组交流修改作品	小组间相互点评，提出修改建议 个人修改和优化作品	课中 2 学时 + 课后
5	制作小雨动画	独立完成，同桌间互助 分别创建元件，逐层级嵌套元件，创建补间动画，编辑和导入背景音乐	课中 2 学时 + 课后
6	小组交流	小组间相互点评，提出修改建议	
7	任务小结	教师点评，学生独立修改作品	
8	优化作品	小组交流，学生独立优化作品 将遇到的困难和问题在学习平台上提问和讨论	课后
9	答辩和评价	随机抽取 10 名同学进行答辩	课中 2 学时
10	课后拓展	1. 资料归档：整理文字资料、源文件、发布文件等 2. 拓展训练：自主进行，从技能训练库中选择本项目的其他案例强化训练	课后

三、组织架构

　　"夏荷浮翠"动画需要绘制一幅荷塘背景图制作过程中需要分析需要重复使用的对象、帧数较多的对象、需要整体操作的对象、需要制作动画的对象，得出需要创建的元件及其层级关系，如图 2-3-1 所示。

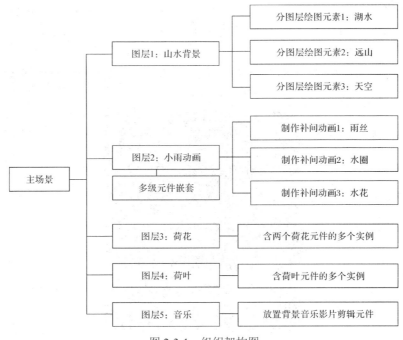

图 2-3-1 组织架构图

2.3.2 绘制背景图

一、绘制水天

绘制水天的步骤如下：

(1) 打开 Flash CC 软件，单击"新建"列表中的"Action Script 3.0"，创建新文档。按下快捷键 Ctrl + J 组合键，打开"文档设置"对话框，设置"舞台大小"为 800 × 600 像素，背景颜色为白色，单击"确定"按钮。

(2) 将图层 1 重命名为"背景"，使用矩形工具绘制矩形。打开颜色面板，设置填充颜色为线性渐变，如图 2-3-2 所示。

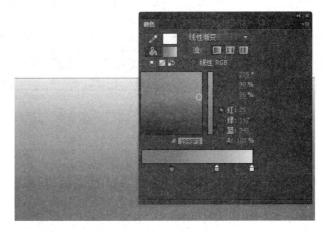

图 2-3-2 绘制湖水

(3) 选中湖水，转换为图形元件，命名为"山水背景"，双击图形进入该元件编辑层级。

(4) 新建图层并命名为"天空"，使用矩形工具绘制矩形。打开颜色面板，设置填充颜色为线性渐变，如图 2-3-3 所示。

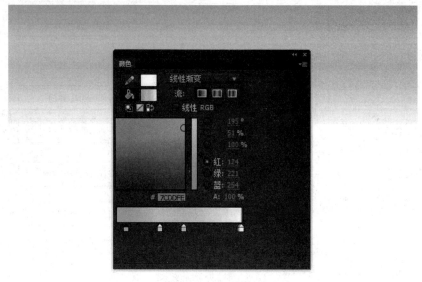

图 2-3-3　绘制天空

(5) 新建图层并命名为"白云"，使用线条工具，配合选择工具，绘制白云，如图 2-3-4 所示。

图 2-3-4　绘制白云

二、绘制远山

绘制远山的步骤如下：

(1) 新建图层并命名为"山 1"，使用线条工具，配合选择工具，绘制远山。打开颜色面板，为远山设置线性渐变，使用渐变变形工具调整渐变色，如图 2-3-5 所示。

图 2-3-5　绘制远山(一)

(2) 新建图层并命名为"山 2"，使用线条工具，配合选择工具，绘制远山。打开颜色面板，为远山设置线性渐变，使用渐变变形工具调整渐变色，如图 2-3-6 所示。

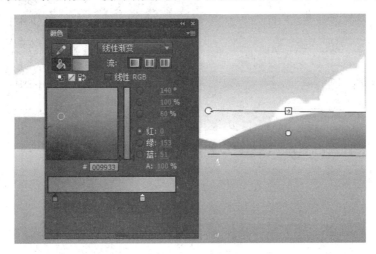

图 2-3-6　绘制远山(二)

(3) 同理，新建图层，绘制另外两座远山，效果及图层顺序如图 2-3-7 所示。

图 2-3-7　图层设置

（4）单击图层列表上方小锁图标锁定所有图层，解锁远山所在的四个图层，在舞台上框选所有远山，按下快捷键 Ctrl + C 执行复制命令。

（5）新建图层并命名为"倒影"，按下快捷键 Ctrl + Shift + V 命令，作用是将复制的内容粘贴到当前位置。

（6）打开变形面板，点击"倾斜"选项，在沿横轴倾斜图标后面的文本框中输入 180，按下回车键确认，复制得到的所有远山即会做垂直翻转，如图 2-3-8 所示。

图 2-3-8　水平翻转倒影

（7）移动倒影到远山下方，调整好位置，如图 2-3-9 所示。

图 2-3-9　调整倒影位置

（8）将倒影转换为图形元件，命名"倒影"。打开属性面板，在"色彩效果"选项栏，单击"样式"下拉菜单选择"Alpha"，在文本框中输入数值 60，即将图形元件的不透明度修改为 60%，倒影变为半透明效果，如图 2-3-10 所示。

图 2-3-10 设置 Alpha 效果

(9) 微调各个图层中的内容，山水背景效果图如图 2-3-11 所示。

图 2-3-11 山水背景

2.3.3 绘制前景

一、创建荷花元件

创建荷花元件的步骤如下：

(1) 回到主场景，新建图层并命名为"荷花"，使用线条工具，配合选择工具，绘制花瓣。打开颜色面板，设置线性渐变，使用渐变变形工具调整渐变色，如图 2-3-12 所示。

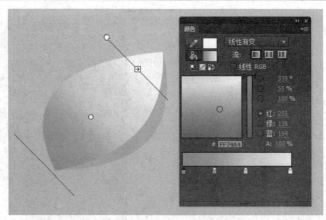

图 2-3-12　绘制花瓣(一)

(2) 选择花瓣，转换为图形元件，命名"荷花"。在舞台上双击花瓣，进入元件编辑层级。将图层 1 重命名为"花瓣 1"。新建图层并命名为"花瓣 2"，同理绘制花瓣，如图 2-3-13 所示。

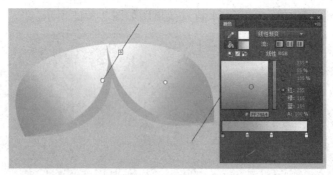

图 2-3-13　绘制花瓣(二)

(3) 同理，绘制其他花瓣，如图 2-3-14 所示。

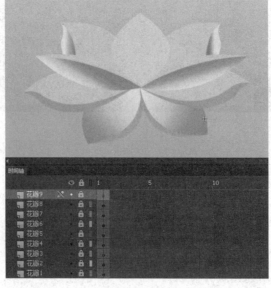

图 2-3-14　绘制花瓣(三)

(4) 新建图层并命名为"莲蓬 1"，如图 2-3-15 所示。

(5) 新建图层并命名为"莲蓬 2"，如图 2-3-16 所示。

图 2-3-15　绘制莲蓬(一)　　　　　　　　　　　　　图 2-3-16　绘制莲蓬(二)

(6) 新建图层并命名为"花瓣 10"，绘制花瓣，如图 2-3-17 所示。

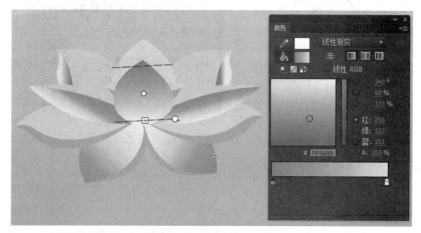

图 2-3-17　绘制花瓣(四)

(7) 新建图层并命名为"花杆"，绘制花杆，拖动到最底层，如图 2-3-18 所示。

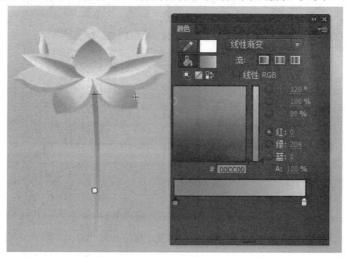

图 2-3-18　绘制花杆

二、创建花蕾元件

创建花蕾元件的步骤如下:

(1) 回到主场景,在"荷花"图层,使用线条工具,配合选择工具,绘制花瓣。打开颜色面板,设置线性渐变,使用渐变变形工具调整渐变色,如图 2-3-19 所示。

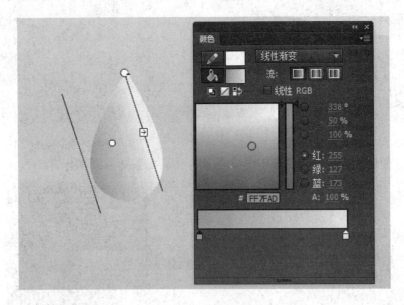

图 2-3-19 绘制花瓣(一)

(2) 选择花瓣,转换为图形元件,命名"花蕾"。在舞台上双击花瓣,进入该元件编辑层级。将图层 1 重命名为"花瓣 1",新建图层并命名为"花瓣 2",同理绘制花瓣,如图 2-3-20 所示。

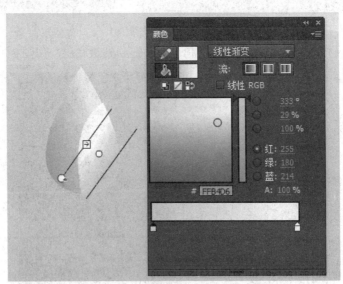

图 2-3-20 绘制花瓣(二)

(3) 新建图层并命名为"花瓣 3",同理绘制花瓣,如图 2-3-21 所示。

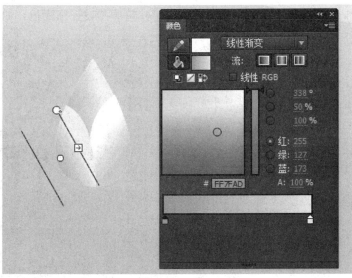

图 2-3-21 绘制花瓣(三)

(4) 新建图层并命名为"花杆",绘制花杆,拖动到最底层,如图 2-3-22 所示。

图 2-3-22 绘制花杆

三、场景荷叶元件

绘制荷叶的步骤如下:

(1) 回到主场景,新建图层并命名为"荷叶",使用线条工具绘制茎。打开颜色面板为笔触颜色设置渐变色。选中茎,转换为图形元件,命名"荷叶",双击茎进入该元件编辑层级。

(2) 将图层 1 重命名为"茎"，分图层绘制荷叶轮廓和设置渐变色，如图 2-3-23 所示。

图 2-3-23　绘制荷叶

四、复制和修改实例属性

复制和修改实例属性：

(1) 回到主场景，隐藏荷叶图层，在荷花图层，复制多个荷花元件的实例，分别选中，通过设置每个实例的属性调整荷花颜色，如图 2-3-24～图 2-3-27 所示。

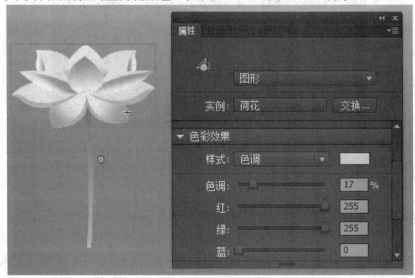

图 2-3-24　设置实例颜色(一)

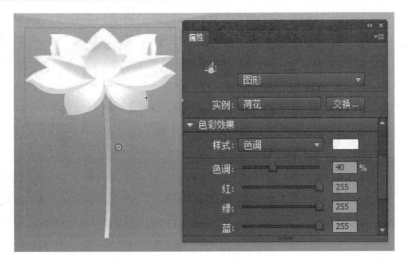

图 2-3-25　设置实例颜色(二)

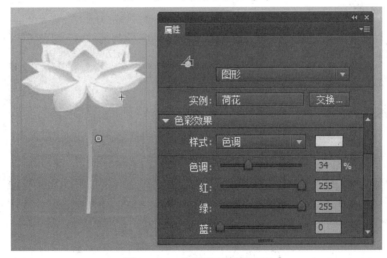

图 2-3-26　设置实例颜色(三)

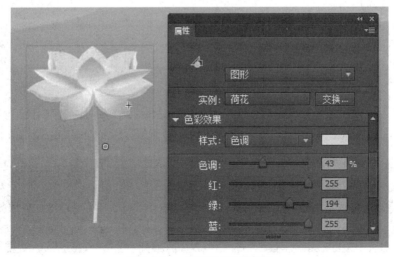

图 2-3-27　设置实例颜色(四)

(2) 使用任意变形工具调整各个荷花的大小，排列好位置，如图 2-3-28 所示。

图 2-3-28　荷花

(3) 同理，复制多个花蕾元件的实例，分别为各个实例设置颜色，并调整好大小和位置，如图 2-3-29 所示。

图 2-3-29　花蕾

(4) 显示荷叶图层，同理，复制多个荷叶元件的实例，分别为各个实例设置颜色，并调整好大小和位置，如图 2-3-30 所示。

图 3-3-30　荷叶

(5) 整个背景效果图及图层关系如图 2-3-31 所示。

图 2-3-31　背景

2.3.4　制作下雨动画

一、制作下雨元件

制作下雨元件的步骤如下：

(1) 在主场景，新建图层并命名为"小雨"，使用线条工具绘制斜线，设置白色到透明的线性渐变，如图 2-3-32 所示。

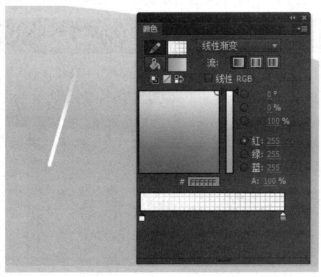

图 2-3-32　雨丝

(2) 选中雨丝，转换为图形元件，命名"下雨"。双击雨丝进入该元件编辑层级，将图层 1 重命名为"雨丝"，再次选中雨丝并转换为图形元件，命名"雨丝"。

(3) 在第 8 帧按下快捷键 F6 创建关键帧，默认新创建的关键帧与其前面最近的关键帧中的内容相同。

(4) 在第 1 帧到第 8 帧中间的任意一帧上右击鼠标，在弹出的快捷菜单中选择"创建传统补间动画"，此时时间轴上第 1 帧到第 8 帧之间会出现一条双向箭头，同时帧底色显示为蓝色，如图 2-3-33 所示。

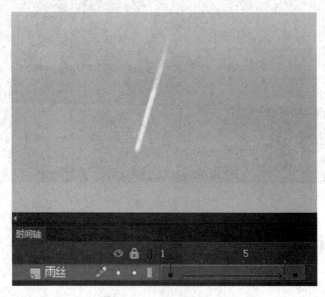

图 2-3-33　设置雨丝动画

(5) 选中第 8 帧，将该帧处的雨丝沿着雨丝倾斜的方向向左下角移动一段距离，按下回车键播放时间轴观察雨丝下落的动画效果。分别选中第 1 帧和第 8 帧，调整好雨丝动画的起始位置和结束位置。第 1 帧雨丝位置如图 2-3-34 所示，第 8 帧雨丝位置如图 2-3-35 所示。

图 2-3-34　第 1 帧雨丝位置

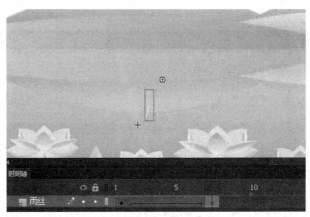

图 2-3-35　第 8 帧雨丝位置

(6) 新建图层并命名为"水圈 1"，在第 8 帧处按下快捷键 F6 创建一个关键帧，此时关键帧内容为空，显示为空心圆。使用椭圆工具，笔触颜色为白色，填充颜色为无，在雨丝下落结束的位置绘制水圈，此时关键帧显示为黑色实心圆，如图 2-3-36 所示。

图 2-3-36　水圈

(7) 选中水圈，转换为图形元件，命名"水圈"。双击水圈进入该元件编辑层级。在第 7 帧按下快捷键 F6 创建关键帧，在第 1 帧到第 7 帧之间的任意一帧右击鼠标，在弹出的快捷菜单中选择"创建补间形状"，此时第 1 帧到第 7 帧之间会出现一条双向箭头，同时帧底色显示为绿色，如图 2-3-37 所示。

图 2-3-37　创建补间形状

(8) 选中第 7 帧，使用任意变形工具放大水圈，如图 2-3-38 所示。

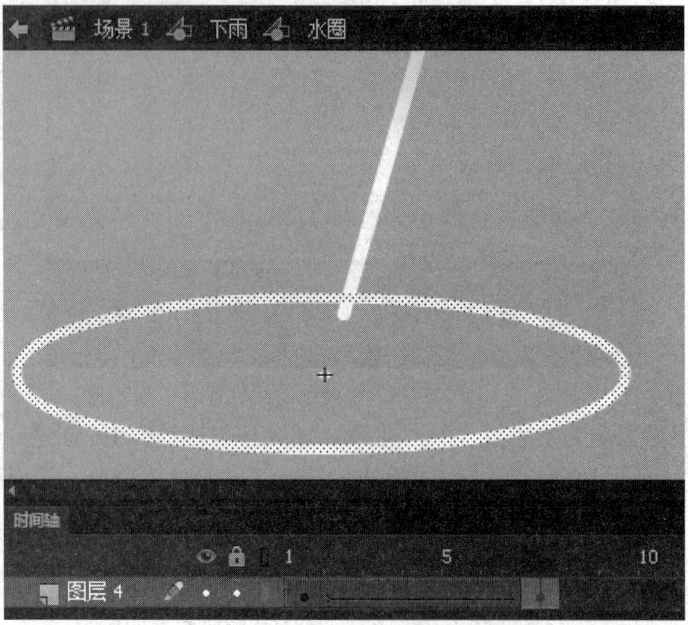

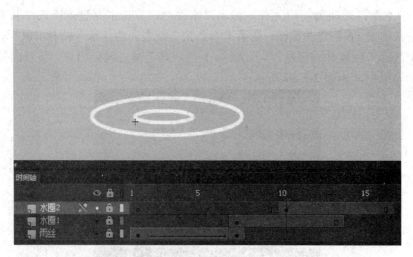

图 2-3-38　补间形状第 7 帧

(9) 单击左上角标题栏下方的"下雨"标签，回到"下雨"元件编辑层级，在"水圈1"图层，第 13 帧处按下快捷键 F5 创建普通帧，作用是给够图形元件足够的帧数使其完全播放。

(10) 在"水圈 1"图层，第 7 帧处右击鼠标，在弹出的快捷菜单中选择"复制帧"。新建图层并命名为"水圈 2"，在第 10 帧处右击鼠标，在弹出的快捷菜单中选择"粘贴帧"，在第 16 帧处按下快捷键 F5 创建普通帧以延长第 10 帧处的关键帧停留时间，如图 2-3-39所示。

图 2-3-39　时间轴安排

(11) 新建图层并命名为"水花左"，在第 8 帧处创建关键帧，绘制白色水花，调整颜色面板中的 A(Alpha)数值，设置颜色为半透明，如图 2-3-40 所示。

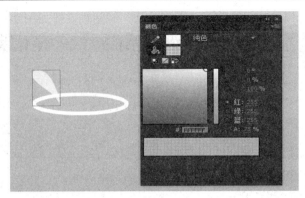

图 2-3-40 绘制水花

(12) 选中水花，转换为图形元件，命名"水花"。双击水花进入该元件编辑层级，在第 2 帧处创建关键帧，使用任意变形工具变形水花，如图 2-3-41 所示。

(13) 在第 3 帧处创建关键帧，使用任意变形工具变形水花，如图 2-3-42 所示。

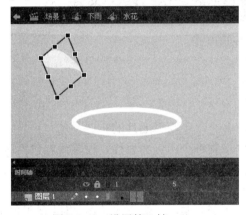

图 2-3-41 设置第 2 帧

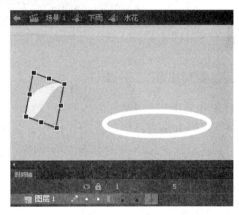

图 2-3-42 设置第 3 帧

(14) 回到"下雨"元件编辑层级，在"水花左"图层，保留第 8、9、10 三个帧，删除多余的第 11 帧到第 16 帧。复制"水花左"图层的第 8 帧，新建图层并命名为"水花右"，在第 8 帧处粘贴帧，同样删除多余的第 11 帧到第 16 帧。选中水花，打开变形面板，选中"倾斜"选项，在沿竖轴翻转标志后面的文本框中输入数值 180，水花即会做水平翻转，如图 2-3-43 所示。

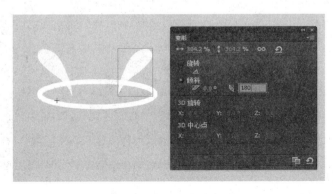

图 2-3-43 设置水花

(15) 按下回车键预览时间轴动画，微调动画，时间轴安排如图 2-3-44 所示。

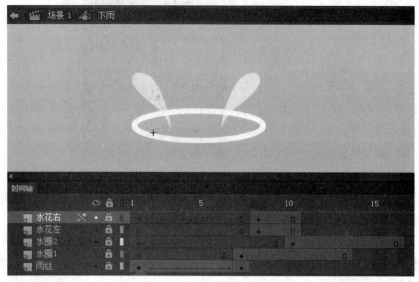

图 2-3-44　时间轴安排

二、复制和修改实例属性

复制和修改实例属性：

(1) 回到主场景，在"小雨"图层，复制出多个"下雨"元件的实例。

(2) 遵循近大远小、近实远虚的原则，分别设置每个实例的属性，设置内容包括：

① "色彩效果"选项：设置不同的 Alpha 值使得近处的雨较为清晰，远处的雨较为模糊，数值越高越清晰。

② "循环"选项：实例默认由元件的第 1 帧开始播放。"第一帧"文本框中的数值用于指定该实例从元件内部的第几帧开始循环播放，设置不同的数值使得下雨效果错落有致。

实例属性设置如图 2-3-45 所示。

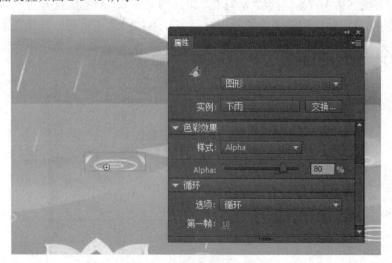

图 2-3-45　实例属性设置

(3) 延长所有图层的帧数到第 16 帧，发布动画预览效果，并对下雨元件的实例进行微调。

三、添加背景音乐

给动画添加背景音乐的步骤如下：

(1) 按下 Ctrl + F8 创建新元件，名称为"音乐"，类型为"影片剪辑"，单击"确定"按钮。

(2) 在元件编辑层级，按下快捷键 Ctrl + R，打开导入文件对话框，选择要导入的背景音乐，单击"确定"按钮。

(3) 导入的声音文件会自动保存到库中，按下快捷键 Ctrl + L 打开库，找到声音文件，拖动文件到舞台上，使用快捷键 F5 创建普通帧，给声音足够的帧数直至时间轴上声波完全显示。

(4) 单击左上角标题栏下方的"场景 1"标签，回到主场景，在时间轴上新建图层并命名为"声音"。

(5) 打开库面板，拖动"音乐"影片剪辑元件到舞台上。

(6) 整个动画主场景时间轴安排如图 2-3-46 所示，库面板如图 2-3-47 所示。

图 2-3-46　时间轴安排

图 2-3-47　库面板

2.3.5　项目总结

一、如何画好动漫人物

绘制动漫人物并非一朝一夕之功，需要的基础知识有透视、人体结构、动态结构等。

其实一幅画就是由无数的线和无数的点构成的，只要把握好线和点的画法，基本上画面已经成功了一半。此外还需要我们对人物的理解能力以及观察能力，例如眼睛是心灵的窗口，通过眼睛可以表达一个人的感情和性格。一些美型漫画的冷酷男生，他们的眼睛是偏细狭的，并且有种凌厉的光芒；而可爱的漫画女生，则是眼睛大大的，神态表现得也很活泼，等等，这都需要长期的临摹和创造。

熟练使用钢笔工具可以更灵活地绘制动漫人物。

1. 绘制直线和曲线

钢笔工具绘制直线的方法很简单，直接在场景中单击两个点，即自动将其以直线的形式连接起来。绘制曲线时，先单击鼠标绘制一个起点，在绘制第二个点的时候按住左键不放，拖动鼠标即可。

2. 修改图形的形状

选择部分选择工具，即白箭头，位于工具栏第二个，选中其中任意一个点进行拖动即可进行位置修改，全部选中则可以移动整个路径。另外使用转换锚点工具可以将节点转换为直线或曲线，当修改曲线时，可以分别拖曳两个控制点来调整弧度。

二、元件使用技巧

元件的使用技巧如下：

(1) 什么时候新建元件，什么时候转换元件？

当从头建立一个元件时可以选择新建命令，当新建的元件需要和背景等画面对应位置和大小时，可以在场景中先摆放好其他元素，然后新建图层，以现有画面为基础绘制元件对象，再选中对象将其转化为元件，这样元件就不会过大或者过小了。

(2) 图形元件与影片剪辑元件最主要的区别是什么？

影片剪辑元件的播放不受场景时间线长度的制约，它有元件自身独立的时间线。图形元件的播放则完全受制于场景时间线，场景中时间线必须具有足够的长度才能完全播放。影片剪辑元件在场景中按下回车键测试时是看不到实际效果的，只能在按下 Ctrl + Enter 预览动画时才看得到，而图形元件在场景中可以随时观看动画效果。

三、补间动画与传统补间动画的区别

补间动画和传统补间动画的区别是在 Flash CS4 才出现的，传统补间动画的顺序是，先在时间轴上的不同时间点定好关键帧，之后在关键帧之间选择传统补间，这个动画是最简单的点对点平移，如果要制作曲线运动轨迹需要通过路径引导层实现。

传统补间动画是定头、定尾做动画，至少要有两个关键帧，而补间动画则是制作好元件后，不需要在时间轴的其他地方创建关键帧，直接在图层上选择补间动画，图层变成蓝色之后，在时间轴上选择需要加关键帧的地方，直接拖动元件就自动形成一个补间动画了。补间动画的路径可以直接显示在舞台上，并且是有调动手柄可以调整的。在 Flash CS5 中创建补间动画则是定头、做动画(开始帧选中对应帧改变对象位置)。相比较而言，使用传统补间动画较多，它更容易控制和加载。

2.4　拓 展 训 练

2.4.1　答辩和评价

一、个人答辩

每一位学生从本项目中选取自己认为制作比较好的至少两个作品(其中夏荷浮翠弄蝶作品必选)，制作 PPT 演示文档以备答辩。PPT 演示文档包括封面及目录页、作品说明页、尾页。其中作品说明页分别展示各个作品，每个作品展示内容包括主题思想、制作技术、艺术表现、遇到的困难及解决办法、心得体会等。

(1) 现场答辩人数：随机抽取 10 人。

(2) 答辩时间：每个人做 3～5 分钟汇报，并做 3～5 分钟答辩。

二、评价方法

每一位同学借助 PPT 演示文档做说明性汇报之后，其他人进行提问和评价。

(1) 教师提问：教师针对作品构思策划、技术手段、艺术设计等方面进行提问，答辩者回答。

(2) 学生点评和提问：其他学生随机抽取一到两位进行提问，答辩者回答。

(3) 综合评价：教师根据答辩者汇报情况、回答提问情况、学生评价情况等综合给出项目成绩。

三、注意事项

学生在进行答辩时要注意以下几点：

(1) 携带自己的 PPT 演示文档，或者提前一天将 PPT 演示文档上传到 FTP 网盘。

(2) 开场、结束语要简洁。注意开场白、结束语的礼仪。

(3) 坦然镇定，声音要大而准确，使在场的所有人都能听到。

(4) 对提出的问题在短时间内迅速做出反应，以自信而流畅的语言，肯定的语气，不慌不忙地回答问题。

(5) 对提出的疑问要审慎回答，对有把握的疑问要回答或辩解、申明理由；对拿不准的问题，可不进行辩解，而应实事求是地回答，态度要谦虚。

(6) 回答问题要注意以下几点：

① 正确、准确。正面回答问题，不转换论题，更不要答非所问。

② 重点突出。抓住主题、要领，抓住关键词语，言简意赅。

③ 清晰明白。开门见山，直接入题，不绕圈子。

④ 有答有辩。有坚持真理、修正错误的勇气。既敢于阐发自己独到的新观点，维护自己的正确观点，反驳错误观点，又敢于承认自己的不足，修正失误。

⑤ 辩才技巧。讲普通话，用词准确，讲究逻辑，吐词清楚，声音洪亮，抑扬顿挫，

助以手势说明问题；力求深刻生动；对答如流，说服力、感染力强，给听众留下良好的印象。

2.4.2 资料归档

项目结束后，将项目相关的作品文件、答辩文件、素材文件、参考资料等分门别类地保存并上传到网盘的个人文件夹中。

一、作品文件

每个作品包括源文件和发布文件两个文件，两个文件名称相同，保存在"项目 2"文件夹下的"作品"子文件夹中。本项目的作品文件编号及名称规范如图 2-4-1 所示。

图 2-4-1　作品文件

二、答辩文件

将 PPT 演示文档命名为"项目 2***汇报.ppt"，制作 PPT 过程中搜集和使用到的有用素材根据内容进行命名，保存到"项目 2"文件夹下的"答辩"子文件夹中。

三、素材文件

将使用到的图片、音乐等素材，根据素材内容进行命名，保存到"项目 2"文件夹下的"素材"子文件夹中。

四、参考资料

将构思策划过程中，搜集到的各种学习资料，根据资料内容进行命名，保存到"项目 2"文件夹下的"参考资料"子文件夹中。

2.4.3 课后思考

一、拓展练习

以夏季为主题，综合使用绘图工具绘制轮廓，使用颜色工具填充和调整色彩，设计和绘制一幅夏季图像，并运用逐帧动画技术和补间动画技术制作动画。

二、选择题

1. 关于运动补间动画，说法正确的是(   )。

A. 运动补间是发生在不同元件的不同实例之间的

B. 运动补间是发生在相同元件的不同实例之间的

C. 运动补间是发生在打散后的相同元件的实例之间的

D. 运动补间是发生在打散后的不同元件的实例之间的

2. Flash 有两种动画，即逐帧动画和补间动画，补间动画又分为(   )。

A. 运动动画和引导动画

B. 运动动画和形状动画

C. 运动动画和遮罩动画

D. 引导动画和形状动画

3. 要实现一个小球的自由落体动画，应该设计最少(   )个关键帧。

A. 1   B. 2   C. 3   D. 4

4. 关于小球落地弹起的动画，下列说法正确的是(   )。

A. 小球是元件   B. 是动作补间动画

C. 要用引导线动画   D. 至少需要 3 个关键帧

5. 关于为补间动画分布对象描述正确的是(   )。

A. 用户可以快速将某一帧中的对象分布到各个独立的层中，从而为不同层中的对象
   创建补间动画

B. 每个选中的对象都将被分布到单独的新层中，没有选中的对象也分布到各个独立
   的层中

C. 没有选中的对象将被分布到单独的新层中，选中的对象则保持在原来位置

D. 以上说法都错

6. 使用 Flash 制作补间动画的过程中，由软件自动生成的帧是(   )。

A. 关键帧   B. 空白帧

C. 空白关键帧   D. 过渡帧

7. 以下关于逐帧动画和补间动画的说法正确的是(   )。

A. 两种动画模式都必须记录完整的各帧信息

B. 前者必须记录各帧的完整记录，而后者不用

C. 前者不必记录各帧的完整记录，而后者必须记录完整的各帧记录

D. 以上说法均不对

三、填空题

1. 在 Flash 中，补间动画分为 _____和_____两种。

2. 由 Flash 计算生成各关键帧之间的各个帧，使画面从一个关键帧过渡到另一个关键
帧的动画称为_____。

3. 用 Flash 制作补间动画，开始画面和结束画面称为_____，中间自动生成的过渡
衔接画面称为_____。

4. 在 Flash 中，创建关键帧的快捷键是_____，创建空关键帧的快捷键是_____，创建普通帧的快捷键是_____。

5. 在图形元件属性面板的颜色下拉列表框中可以对图形元件的颜色进行设置，这里有 5 种选项，它们分别是"无"、_____、_____、_____和_____。

四、问答题

什么叫补间动画？

课后思考题及答案

第3篇 秋风瑟瑟

【项目描述】

"秋风瑟瑟"动画以梦回故里为主题，制作秋风吹落竹叶的动画。该项目综合运用各项绘图技能绘制竹子，综合运用动画补间技巧制作竹子随风而动的动画效果，综合运用形状补间技巧制作竹叶变形为文字的动画效果。通过单个竹叶、一组竹叶、竹竿、竹子等多个元件的嵌套和组合使用，进一步强化元件的设计和管理技能，同时进一步提高动画审美能力和策划能力。项目总体效果图如图3-0-1所示。

图 3-0-1 "秋风瑟瑟"动画效果图

【知识技能点】

补间动画；动画补间；形状补间；元件嵌套。

【训练目标】

(1) 能够熟练创建和编辑形状补间动画。

(2) 进一步理解元件的概念和特点。

(3) 深刻理解图形元件和影片剪辑元件的区别及应用。

(4) 能够熟练创建和使用多级元件嵌套。

(5) 掌握滤镜的使用方法。

(6) 掌握库的管理。

(7) 掌握常用声音文件的格式及特点。

(8) 掌握基本声音编辑操作。

(9) 掌握声音录制的过程和方法。

(10) 掌握信息面板和对齐面板的使用方法。

(11) 能够通过各种媒体资源搜索并处理素材。

(12) 审美能力得到进一步提升。

(13) 能够对训练项目举一反三，灵活运用。

(14) 通过小组合作，沟通能力、制订方案和解决问题能力进一步加强。

3.1　知 识 准 备

3.1.1　绘图纸外观的应用

一、绘图纸外观的作用

通常情况下，Flash 在舞台中一次显示动画序列的一个帧，为了帮助定位和编辑逐帧动画，可以在舞台中一次查看两个或多个帧。单击"绘图纸外观"按钮，在起始绘图纸外观和结束绘图纸外观标记之间的所有帧的内容即会被重叠，播放头下面帧中的图像使用全彩色显示，其余帧中的图像半透明显示，看起来就好像每个帧是画在一张半透明的绘图纸上，而且这些绘图纸相互层叠在一起，如图 3-1-1 所示。

形状补间和
绘图纸外观

图 3-1-1　绘图纸外观

二、操作方法

1. 绘图纸外观

按下"绘图纸外观"按钮后，在时间帧的上方，出现绘图纸外观标记，拉动外观标记的两端，可以扩大或缩小显示范围。

2. 绘图纸外观轮廓

按下"绘图纸外观轮廓"按钮后，场景中显示各帧内容的轮廓线，填充色消失，特别适合观察对象轮廓，另外可以节省系统资源，加快显示过程，如图 3-1-2 所示。

图 3-1-2　绘图纸外观轮廓

3. 编辑多个帧

按下"编辑多个帧"按钮后可以显示全部帧内容，并且可以进行多帧同时编辑，如图3-1-3 所示。

图 3-1-3　编辑多个帧

4. 修改绘图纸标记

按下"修改绘图纸标记"按钮后会弹出快捷菜单，其中"总是显示标记"选项会在时间轴标题中显示绘图纸外观标记，无论绘图纸外观是否打开。"锚定绘图纸外观标记"选项会将绘图纸外观标记锁定在它们在时间轴标题中的当前位置。通常情况下，绘图纸外观范围是和当前帧的指针以及绘图纸外观标记相关的，通过锚定绘图纸外观标记，可以防止它们随当前帧的指针移动。"标记范围 2"选项会在当前帧的两边显示两个帧。"标记范围 5"选项会在当前帧的两边显示五个帧。"标记所有范围"选项会在当前帧的两边显示全部帧。

3.1.2 滤镜的使用

滤镜的使用

一、应用滤镜

在 Flash 中选中文本、按钮或者影片剪辑对象。打开属性面板，单击加号按钮即可在下拉列表中选择一种滤镜，单击减号按钮可以删除滤镜，如图 3-1-4 所示。

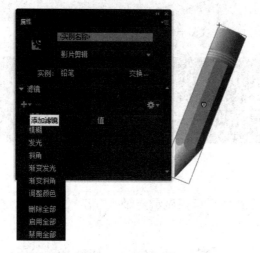

图 3-1-4　添加滤镜

二、滤镜的种类

滤镜分为如下几种：

1. 投影滤镜(DropShadowFilter)

投影滤镜是将模拟对象投影到一个表面的效果，如图 3-1-5 所示。

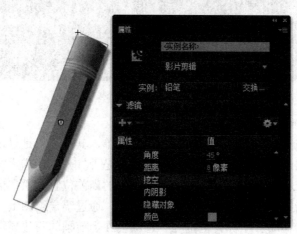

图 3-1-5　投影滤镜

2. 模糊滤镜(BlurFilter)

模糊滤镜可以柔化对象的边缘和细节，如图 3-1-6 所示。

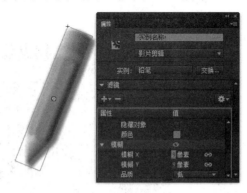

图 3-1-6　模糊滤镜

3. 发光滤镜(GlowFilter)

发光滤镜可以设置头像内发光或者外发光效果，如图 3-1-7 所示。

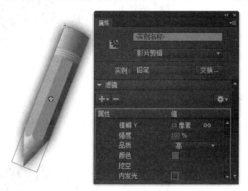

图 3-1-7　发光滤镜

4. 斜角滤镜(BevelFilter)

斜角滤镜的参数在投影滤镜的基础上增加了"阴影"和"加亮显示"选项，如图 3-1-8 所示。

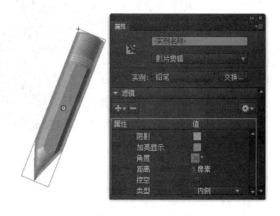

图 3-1-8　斜角滤镜

5. 渐变发光滤镜(GradientGlowFilter)

渐变发光滤镜相比发光滤镜，多了可以渐变的发光区域，以及相应的距离和角度调整，如图 3-1-9 所示。

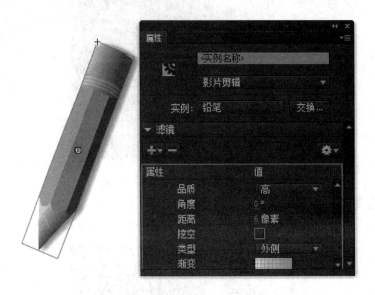

图 3-1-9　渐变发光滤镜

6. 渐变斜角滤镜(GradientBevelFilter)

渐变斜角滤镜和斜角滤镜相比，只是把阴影区域和加亮区域用渐变来完成，从而实现更丰富的色彩，如图 3-1-10 所示。

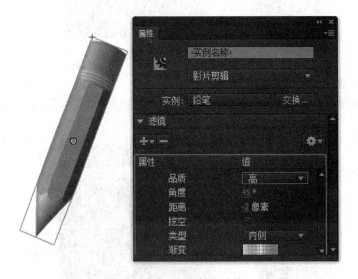

图 3-1-10　渐变斜角滤镜

7. 调整颜色滤镜(ColorFilter)

调整颜色滤镜用于对图像整体进行颜色调整，包括亮度、对比度、饱和度、色相，如图 3-1-11 所示。

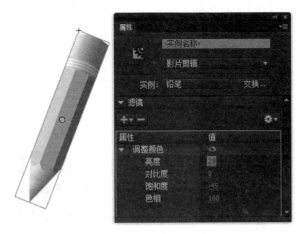

图 3-1-11 颜色调整滤镜

三、复制滤镜

复制滤镜的步骤如下:

(1) 选中要复制滤镜的对象。

(2) 单击属性面板底部的剪贴板按钮,执行复制所选命令。

(3) 单击要添加滤镜的对象,再次单击该按钮粘贴滤镜。

注意: 通过单击加号按钮下拉列表底部的启用和禁用命令可以显示或隐藏滤镜效果。

四、应用预设滤镜

应用预设滤镜可以为对象添加预设滤镜效果,方法是选中某个对象滤镜选项,单击属性面板的预设按钮,执行另存为命令,下次使用时可以直接应用预设的滤镜效果。

3.1.3 认识补间形状

一、形状补间动画的概念

形状补间动画是在 Flash 的时间轴面板上,在一个关键帧上绘制一个形状,然后更改该形状,或在另一个关键帧上绘制另一个形状,Flash 将内插中间帧的中间形状,创建一个形状变形为另一个形状的动画,它可以实现两个图形之间颜色、形状、大小、位置的相互变化。形状补间动画建立后,时间帧面板的背景色变为淡绿色,在起始帧和结束帧之间

形状补间和绘图
外观

有一个长长的箭头。与动画补间不同,构成形状补间动画的元素为形状,而不能是元件、按钮、文字等,如果使用这些元素,必先打散(快捷键 Ctrl + B)成图形,才可以做形状补间动画。

二、形状补间动画的创建

以方形变为圆形为例,在时间轴的第 1 帧到第 20 帧之间创建补间形状。

(1) 第 1 帧中，使用矩形工具绘制一个橙色正方形，如图 3-1-12 所示。

图 3-1-12　第 1 帧关键帧画面

(2) 在第 20 帧按下快捷键 F7 创建空白关键帧，使用椭圆工具在第 20 帧中绘制一个绿色正圆，如图 3-1-13 所示。

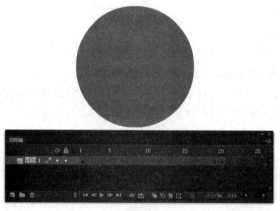

图 3-1-13　第 20 帧关键帧画面

(3) 在时间轴上，单击鼠标选择第 1 帧到第 20 帧之间的任意一帧，右击鼠标在快捷菜单中选择"创建补间形状"，Flash 即会将形状内插到这两个关键帧之间的所有帧中。预览动画，橙色方形逐渐变形为绿色圆形，如图 3-1-14 所示。

图 3-1-14　形状补间动画时间轴

3.1.4　库的使用

一、库面板

库的使用

库用来存储创建的元件和导入的文件，例如位图、矢量插图等，通过菜单"窗口 > 库"命令可以打开库，快捷键为 Ctrl + L。库面板中有一个列表，在工作时可以查看和组织这些元素。当选择库面板中的项目时，库面板的顶部会出现该项目的缩略图预览，如果选定项目是动画或者声音文件，则可以使用库预览窗口或控制器中的"播放"按钮预览该项目。

1. 使用库项目

将项目从库面板拖动到舞台上，该项目就会添加到当前层的当前帧上。

2. 将舞台对象转换为库元件

将项目从舞台拖动到当前库面板上，会弹出"转换为元件"窗口，输入名称，选择元件类型，单击"确定"按钮，库面板即会显示新转换的元件。

3. 将库项目应用到其他文档

在一个文档库面板里选择一个元件，右键选择"复制"命令，再到另外一个文档里，在库面板里右键选择"粘贴"命令，这时该文档即会显示新复制得到的项目。

4. 编辑库项目

在库面板里选择一个元件，双击该元件或者右键选择"编辑"，即进入到该元件的编辑层级，可以对这个元件进行编辑修改。

5. 重命名库项目

在库面板里选择一个元件，双击项目名称，输入新名称即可重命名该项目。

6. 删除库项目

在库面板里选择一个元件，然后单击库面板底部的垃圾桶图标即可删除该项目，从库中删除某个项时，也会从文档中删除该项的所有实例或匹配项。

7. 创建文件夹

当库中的项目比较多时，可以分门别类地创建文件夹以便管理，方法是单击库面板下方的"新建文件夹"按钮。要将某个项目置于文件夹中，拖动项目到相应文件夹即可。

8. 修改项目属性

选中某个元件，右击该元件在快捷菜单中选择"属性"命令，即打开该项目属性对话框，可以根据需要修改属性。

9. 元件的"直接复制"

当某个元件需要做部分修改，同时又要保留原来状态时，可以使用元件的直接复制命令，在库面板中右击元件，在快捷菜单中选择"直接复制"命令，输入新元件名称，即可得到一个一模一样的新元件。

10. 打开外部库

如果需要打开另外一个 Flash 文件库，可以单击菜单"文件 > 导入 > 打开外部库"命令，在弹出的对话框中选择要打开的文件。选定的文件库会在当前文档中打开，同时库面板顶部会显示该文件的名称。要在当前文档中使用选定外部文件的库元素，可以将元素直接拖曳到当前文档的舞台上。

二、导入文件

导入文件时分两种情况：

1. 导入到库

选择菜单"文件 > 导入 > 导入到库"命令，打开导入对话框，选择要导入的素材，点击"打开"按钮即将该文件导入到了库中，使用时可以将该文件拖动到舞台上。

2. 导入到舞台

选中需要导入文件的某个帧，选择菜单"文件 > 导入 > 导入到舞台"命令，或者使用快捷键 Ctrl + R，打开导入对话框，选择要导入的素材，点击"打开"按钮即将该文件导入到了舞台上，同时在库中也会显示该项目。

三、批量删除无用元件

随着动画制作过程的进展，库中的项目将变得越来越杂乱，一些元件几乎没用上，却浪费着宝贵的源文件空间。此时可从库右上角下拉菜单中单击"选择未用项目"命令，Flash 会把这些未用的元件全部选中，再选择菜单中的删除命令或者直接单击"删除"按钮，则可以将它们删除。

删除未使用元件的操作需要重复几次，因为有的元件内还包含大量其他"子元件"，第一次显示的往往是"母元件"，"母元件"删除后，其他"子元件"才会暴露出来。清除后库面板会变得条理清晰，同时也会大大地减小源文件大小。

3.1.5　声音编辑

一、常用音频格式

Flash 可以导入 8 位或 16 位的声音，采样比率为 11 kHz、22 kHz 或 44 kHz。如果声音无法导入，说明它的压缩率不在 Flash 允许范围之内，解决方法是重新对声音文件进行压缩或采样，常用的可以直接导入到 Flash 中的声音格式包括 WAV、MP3、AIFF 三种。

声音的应用

1. WAV

WAV 文件是真实声音数字化后的文件，是 Windows 存放数字声音的标准格式，由于微软的影响力，目前也成为一种通用性的数字声音文件格式，几乎所有的音频处理软件都支持 WAV 格式。虽然 WAV 格式具有很高的音质，但数据没有经过压缩，文件所占存储空间很大(1 分钟的 CD 音质需要 10 M 字节)，不适于在网络上传播。

2. MP3

MP3 全称 MPEG Audio Layer3。由于 MP3 具有压缩程度高(1 分钟 CD 音质音乐一般需要 1 M 字节)、音质好的特点，所以 MP3 是目前最为流行的一种音乐文件。

3. AIFF

AIFF(Audio Interchange File Format，音频交换文件格式)是一种以文件格式存储的数字音频(波形)的数据，AIFF 应用于个人电脑及其他电子音响设备以存储音乐数据。AIFF 支持 ACE2、ACE8、MAC3 和 MAC6 压缩，支持 16 位 44.1 kHz 立体声，使用 iTunes 播放。

注意：声音要使用大量的磁盘空间和内存。MP3 声音数据经过了压缩，比 WAV 或 AIFF 声音数据小。通常，使用 WAV 或 AIFF 文件时，最好使用 16 位 22 kHz 单声(立体声使用的数据量是单声的两倍)，但是 Flash 可以导入 8 Hz 位或 16 Hz 位的声音，采样比率为 11 kHz、22 kHz 或 44 kHz。在导出时，Flash 会把声音转换成采样比率较低的声音。当将声音导入到 Flash 时，如果声音的记录格式不是 11 kHz 的倍数(例如 8 kHz、32 kHz 或 96 kHz)，将会重新采样。如果要向 Flash 中添加声音效果，最好导入 16 位声音。如果内存有限，就使用短的声音剪辑或用 8 位声音而不是 16 位声音。

二、声音编辑软件

常用的声音编辑软件有以下几种：

1. Cool Edit Pro

Cool Edit Pro 是一个非常出色的数字音乐编辑器和 MP3 制作软件，它提供有多种特效为作品增色，如放大、降低噪音、压缩、扩展、回声、失真、延迟等。该软件可以同时处理多个文件，轻松地在几个文件中进行剪切、粘贴、合并、重叠声音操作，还包含有 CD 播放器。使用它可以生成的声音有：噪音、低音、静音、电话信号等。其他功能包括：支持可选的插件、崩溃恢复、支持多文件、自动静音检测和删除、自动节拍查找、录制等。另外，它还可以在 AIF、AU、MP3、Raw PCM、SAM、VOC、VOX、WAV 等文件格式之间进行转换，并且能够保存为 RealAudio 格式。

2. Adobe Audition

Adobe Audition 软件可以录制、混合、编辑和控制音频。具体可以创建音乐，录制和混合项目，制作广播点，整理电影的制作音频，或为视频游戏设计声音。该软件也在不断完善、更新，改进的多声带编辑、新的效果、增强的噪音减少和相位纠正工具，以及 VSTi 虚拟仪器为音频项目提供的杰出的电源、控制、生产效率和灵活性等都为声音编辑提供更好的操作。

3. MP3 剪切合并大师

MP3 剪切合并大师是一款界面简洁、操作方便、支持无损切割的 MP3 剪切合并工具。该软件可以方便地将 MP3 和各种流行的视频或音频格式剪切成 MP3 片段和手机铃声，支持对 MP3 文件进行任意时间段的切割，并且支持 MP3、WMA、AMR、AAC、WAV 等大部分流行格式，支持无损剪切 MP3 等音频，剪切后音质不变，支持各种 MP3、WAV、AAC 等音频的串烧，可以把多个音频文件合并成一个文件。

4. Wave CN

Wave CN 是一个 32 位的音频编辑软件，它具有以下特点：

(1) 录制音频，支持电平监控，支持后台录音、热键控制、定时录音、声控录音等功能；

(2) 支持多种音频文件格式打开、保存；

(3) 音频数据编辑(包括剪切、复制、粘贴等十数种常用编辑操作)；

(4) 具有十多种音频处理效果；

(5) 方便易用的多文档处理界面；

(6) 支持通过插件扩充功能；

(7) 高保真的采样率转换；

(8) 支持声控录音和直接录音为 WAV 文件。

Wave CN 目前支持的文件格式包括(全部均支持读/写)：PCM 的 WAV 格式、ACM 压缩的 WAV 格式、MP3 格式、Ogg Vorbis 低比特率下高保真格式、MPC(Muse Pack)高比特率高保真音乐格式、Speex 语音编码格式、FLAC 无损压缩格式、Windows Media Audio 格式。

三、声音编辑

下载并安装音频编辑软件 Wave CN，打开声音文件后即可进行各种编辑。

1. 视图缩放

音频文件有短有长。一个长的音频文件需要对波形的可视范围进行操作。视图操作包括放大、缩小和移动。放大缩小可以通过视图菜单下面的相应功能进行。视图的移动可以通过以下方式进行：拖动波形显示下面的标尺、拖动波形显示上面的显示区域比例图、右击波形显示上面的显示区域比例图。当视图放大无法全部显示所有波形时，可拖动波形上方的黄色滑块移动视图，如图 3-1-15 所示。

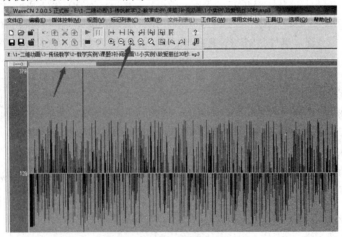

图 3-1-15　视图缩放

注意：Wave CN 无法打开大于 2 GB 的文件，特别是在录音的时候需要注意不要长时间录音，否则有可能造成很麻烦的情况，在波形显示中很难表达出来，也很难进行精确的段落选择。

2. 定位编辑点

直接用鼠标单击音频波形区域，便可以看到一条黑线，这条黑线便是定位线。定位的同时，Wave CN 界面下方的工作参数显示区域也会显示出目前的定位位置。可以通过双击或者右击大数字定位位置区域，在出现的菜单中选择相应的显示格式选项来改变位置显示的格式。要移动定位线，也可通过键盘上的左右箭头键和 Home、End 键进行，如图 3-1-16 所示。

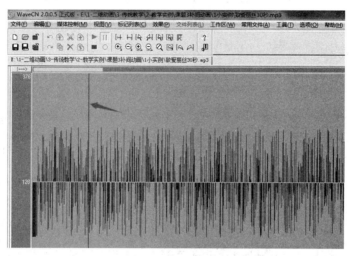

图 3-1-16　编辑定位点

3. 选中某段声音

要进行剪切或复制操作都应先选中区域。选中区域代表当前打开文件的一部分或全部内容。使用鼠标的左键在工作区的波形上某一点按住，然后拖住向左或向右，扫过的区域会用反相颜色显示(即高亮显示，亦称"反显")。在希望的位置松开鼠标左键，这段反显的区域就是选中区域。如果对选择的位置不满意，可以通过鼠标右键点击或拖动来修改选择范围。鼠标右键在选择区域的中点左边操作则修改选择区域的起点，如果在选择区域的中点右边操作则修改选择区域的终点。如果希望选中整个文件的内容，可以选择"编辑"菜单中的"全选"命令，也可以直接双击波形显示或者按 Ctrl + A 键，如图 3-1-17 所示。

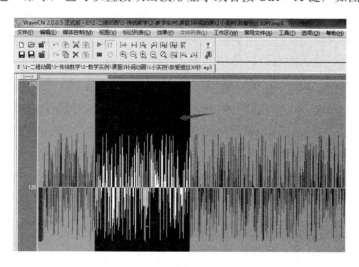

图 3-1-17　选中某段声音

4. 剪切、复制、粘贴和删除

选中某段声音后，通过常用工具栏中的按钮可以进行各种操作。单击复制按钮，定位要复制的位置，再单击粘贴按钮可以将选中的声音复制到所需位置，同理进行剪切操作。要删除某段声音，选中后单击"删除"按钮即可，如图 3-1-18 所示。

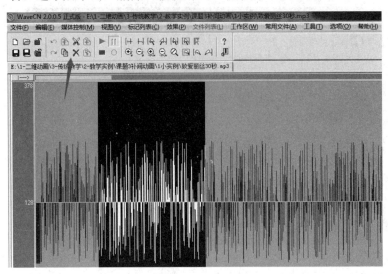

图 3-1-18　复制声音

5. 撤销和恢复撤销、重复

无论何时，只要对做过的操作不满意，都可以通过撤销和恢复撤销这一对操作来进行还原或者重做修改。在 Wave CN 中，撤销功能是没有次数限制的，即可以一直撤销操作直到文件还原为最原始的状态。出于节省时间的考虑，当撤销数据的长度超过一定范围时，Wave CN 将询问是否存档恢复数据，如果点击了"否"，那么对于当前编辑的撤销功能就无法进行。恢复撤销功能只有在进行了撤销之后才能使用，可以重做刚才撤销了的操作。但如果在撤销之后又进行了新的编辑操作，那恢复撤销功能也就无法进行了。

重复功能的用途是为了方便对某一效果功能重复调用，不需要在菜单或插件功能按钮栏中选择。如果上一步操作是应用某一特殊效果，选择重复功能时 Wave CN 将弹出该特殊效果的参数对话框，输入参数以应用该效果。

6. 声音特效

如果有选中区域，那么效果操作在选中区域上进行，否则默认在整个文件上进行。通过效果菜单可以为声音设置各种特效，包括调节音量、渐强、渐弱、反相、反转、静音消除等。

四、声音录制

录制声音的步骤如下：

(1) 录音前的准备工作，包括如下两点：

① 注意录音的环境是否太嘈杂，要降低环境噪音，除了找一个比较安静的环境之外，还可以在录音的环境里放置大量的多孔性材料，比如海绵或纺织品等用于吸音。

② 麦克风的质量本身也是非常重要的，为取得比较好的录音效果，应该准备一个唱卡拉 OK 的话筒，然后用一个大转小的转换插头将其连接到声音卡上。如果使用的麦克风或者话筒是双声道的，还要注意左右声道阻抗偏差是否太大，如果偏差太大的话会造成一边声大另一边声小的现象。

(2) 打开 Wave CN，单击菜单"媒体控制"下的"录音"命令，打开对话框，将"音质"设置为 44.1 kHz，录音端口根据个人计算机硬件配置选择"内置式麦克风"或者"外部麦克风"，设置"录音方式"为"录制到临时文件让 Wave CN 自动打开"，如图 3-1-19 所示。

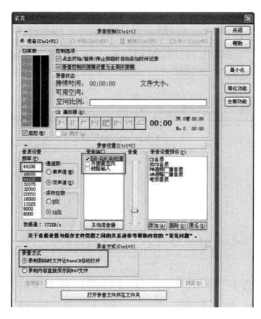

图 3-1-19　录音设置

(3) 点击准备按钮，然后点击开始按钮，此时便可以对着麦克风进行录音了。录音时功率表会自动跳动，可以暂停录音再接着录制，录制完毕后点击停止按钮，关闭对话框，则自动返回软件。观察界面，已经自动生成了声音的波形，如图 3-1-20 所示。

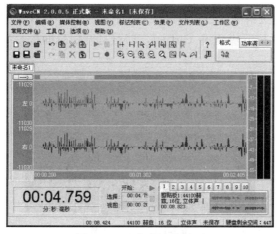

图 3-1-20　声音编辑界面

(4) 使用复制、粘贴、剪切、删除等命令编辑声音。

(5) 保存音频，选择格式为 MP3，比特率选择 128 K，如图 3-1-21 所示。

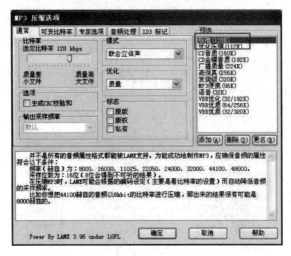

图 3-1-21　保存音频

五、声音导入

选择菜单命令"文件 > 导入"，或者按下快捷键 Ctrl + R 打开文件导入对话框，选中声音文件，单击"确定"按钮即可把声音文件导入到 Flash 库中。

(1) 直接拖动库中的声音文件到舞台上，声音即以波形方式显示在时间轴上，由当前帧开始播放。

(2) 新建影片剪辑元件，拖动库中的声音文件到舞台上即可将声音置于元件中，再将影片剪辑元件拖放到主场景的舞台上。

3.1.6　信息面板和对齐面板

一、信息面板

使用信息面板可以更精确地设置对象大小和定位对象，选择菜单命令"窗口 > 信息"或者按下快捷键 Ctrl + I，即可打开信息面板，如图 3-1-22 所示。

信息和对齐面板

图 3-1-22　信息面板

1. 设置对象大小

选中对象，在信息面板中可以查看该对象的宽度和高度，可以直接输入数值重定义对象大小。

2. 设置对象位置

选中对象，在信息面板中可以查看该对象的 X 和 Y 坐标值，默认为对象的左上角顶点坐标，可以直接输入数值重定义对象的 X 和 Y 坐标。

3. 修改对象坐标原点

默认对象坐标原点位于中心，单击信息面板的坐标图标四周的点，可以将坐标原点切换到左上角等位置，如图 3-1-23 所示。

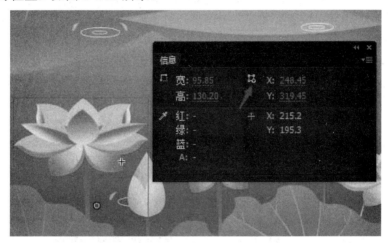

图 3-1-23　修改对象坐标原点

二、对齐面板

使用对齐面板工具可以快速对齐多个图形，节省很多时间，大大提高工作效率。选择菜单"窗口 > 对齐"命令，或者按下快捷键 Ctrl + K，即可打开对齐面板。对齐面板由五部分组成，分别为对齐、分布、匹配大小、间隔、与舞台对齐。

(1) 新建文档，绘制三个矩形，如图 3-1-24 所示。

图 3-1-24　绘制图形

(2) 打开对齐面板，如图 3-1-25 所示。

图 3-1-25　对齐面板

(3) 如果不勾选面板最下方的"与舞台对齐"选项，则对舞台上的图形进行对齐操作时将与舞台没有位置关系，只是各个图形之间的相对位置关系或大小匹配。如果使一个图形对齐到舞台的左上角，或者要实现各个图形相对于舞台的位置对齐或大小匹配，则一定要勾选此选项。

(4) 按 F6 新建一个关键帧，打开绘图纸外观，以便观察对比效果。选择第二帧的三个图形，打开对齐面板，不勾选"与舞台对齐"，那么三个方块将会以图形轮廓最靠近舞台上边沿的那个图形的上边沿对齐，如图 3-1-26 所示。

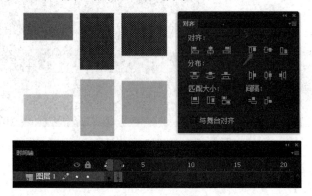

图 3-1-26　顶端对齐

(5) 分布操作主要是以各个图形上下左右轮廓为依据进行分布计算的，例如顶部分布，对齐的依据就是对各个图形的顶部之间的位置进行平均分布。分布对齐操作与图形形状无关，只与图形的上下左右轮廓位置有关，如图 3-1-27 所示。

图 3-1-27　顶部分布

(6) 匹配操作主要是快速实现图形大小的一致操作或图形与背景的大小一致操作。未勾选"与舞台对齐"时，匹配操作只与图形中轮廓最大的图形有关，勾选"与舞台对齐"时，匹配大小与舞台的尺寸有关，如图 3-1-28 所示。

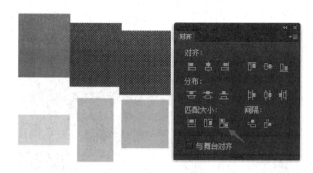

图 3-1-28　匹配宽和高

(7) 间隔对齐以上(左)图的下(右)轮廓与下(右)图的上(左)轮廓的位置关系来分布间隔对齐。

注意：通常在使用过程中，需要将以上几个功能结合起来灵活操作，以达到快捷定位图形位置和大小的操作。

3.2　技　能　训　练

3.2.1　制作镜头动画

制作镜头动画的步骤如下：

(1) 打开"镜头动画"Flash 文件，主场景包括"背景""大树 1""大树 2"三个图层。

(2) 为了方便观察动画，选择菜单"视图 > 标尺"命令，或者按下快捷键 Ctrl + Shift + Alt + R，打开标尺。

(3) 隐藏所有图层，通过拖动鼠标绘制水平和垂直标尺，沿舞台四周绘制标尺，框出舞台大小，如图 3-2-1 所示。

技能训练制作
镜头动画

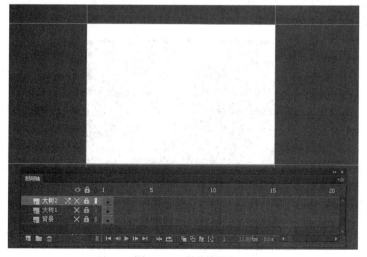

图 3-2-1　绘制标尺

(4) 显示和解锁"背景"图层，在第 60 帧创建关键帧，在第 60 帧，向舞台左下角移动图形，参照框出的舞台大小和位置，改变背景图形的位置，如图 3-2-2、3-2-3 所示。

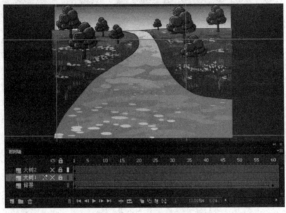

图 3-2-2　第 1 帧背景位置

图 3-2-3　第 60 帧背景位置

(5) 创建第 1 帧到第 60 帧之间的传统补间动画，预览时间轴动画效果，微调动画。

(6) 锁定"背景"图层，显示和解锁"大树 1"图层，同理，制作大树向左下角移动的动画，如图 3-2-4、3-2-5 所示。

图 3-2-4　第 1 帧大树位置

图 3-2-5　第 60 帧大树位置

(7) 同理，制作第 2 棵大树向左下角移动的动画，如图 3-2-6、3-2-7 所示。

图 3-2-6　第 1 帧大树位置

图 3-2-7　第 60 帧大树位置

(8) 拖动时间轴上红色的播放头观察动画在舞台范围内的运动效果，微调动画。

(9) 发布动画。

3.2.2　制作灯光字幕

技能训练制作
灯光字幕

一、绘制灯光

绘制灯光的步骤如下：

(1) 新建 Flash 文档，设置背景颜色为黑色。

(2) 将图层 1 重命名为"灯光"，绘制灯光，设置颜色为白色逐渐
透明的效果，如图 3-2-8 所示。

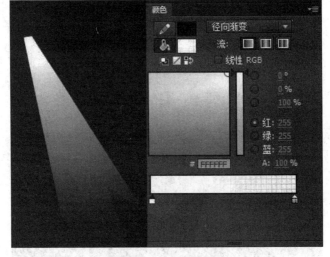

图 3-2-8　绘制灯光图形

(3) 将绘制的灯光图形转换为图形元件，命名"灯光"。

(4) 在主场景，选中"灯光"元件，按住 Ctrl + Alt 键的同时拖动图形，即复制出一个
元件实例，复制并排列好图形，如图 3-2-9 所示。

图 3-2-9　复制和排列灯光图形

(5) 同理，绘制灯光投影，转换为图形元件，命名"投影"，复制和排列投影图形，如图 3-2-10 所示。

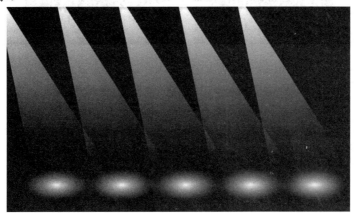

图 3-2-10　复制和排列投影

二、制作动画

制作灯光字幕动画的步骤如下：

(1) 新建图层并命名为"白"，使用多角星形工具绘制一个白色五角星。

(2) 选中五角星，转换为影片剪辑元件，命名"F"。双击五角星进入该元件编辑层级，在第 20 帧按下快捷键 F7 创建空关键帧，使用文本工具输入英文字母"F"，按下快捷键 Ctrl + B 打散文字。

(3) 在第 1 帧到第 20 帧之间，任意选中一帧右击，在弹出的快捷菜单中选择"创建形状补间"，系统会自动产生第 1 帧到第 20 帧之间的图形变化过渡帧。预览时间轴动画效果，五角星逐渐变形为字母 F，如图 3-2-11～3-2-13 所示。

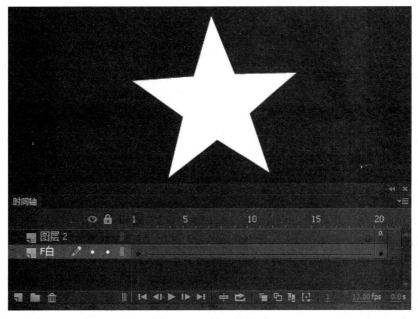

图 3-2-11　第 1 帧图形

图 3-2-12　第 10 帧变化状态

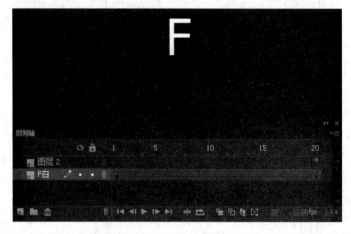

图 3-2-13　第 20 帧图形

(4) 新建图层，在第 20 帧创建关键帧，右击，在弹出的快捷菜单中选择"动作"，输入脚本动作使得动画运行到第 20 帧后停止，脚本输入如下：

　　　stop();

(5) 回到主场景，打开库面板，在"F"影片剪辑元件上右击，在弹出的快捷菜单中选择"直接复制"命令，输入新名称为"L"，即创建了一个新元件。

(6) 将"L"元件拖动到舞台上，位于"F"元件实例的右侧。在舞台上双击"L"元件实例，进入该元件编辑层级。

(7) 将形状补间动画图层的第 20 帧字母"F"删除，输入字母"L"并打散，预览动画效果，五角星逐渐变形为字母 L。

(8) 同理，通过元件的"直接复制"功能，分别制作字母"A""S""H"的影片剪辑，动画效果为五角星逐渐变形为字母。

(9) 在主场景舞台上依次排列好五角星位置。

(10) 在"白"图层，复制第 1 帧，新建图层并命名为"红"，在第 1 帧处粘贴帧。打开属性面板，设置每个五角星"色彩效果"选项中的"色调"为红色。使用键盘上的方向键微移第 1 帧的所有五角星，使得红色五角星和白色五角星稍微错开，营造红色五角星被灯光照射的效果，如图 3-2-14 所示。

图 3-2-14　设置五角星为红色

(11) 新建图层并命名为"投影"，粘贴帧，打开变形面板，修改每个五角星的形状，如图 3-2-15 所示。

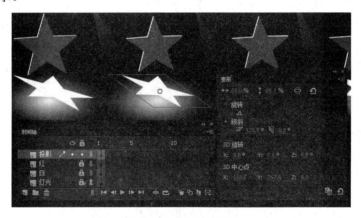

图 3-2-15　变形五角星

(12) 打开属性面板，将每个"投影"图层的五角星"色彩效果"选项的"色调"值改为黑色，如图 3-2-16 所示。

图 3-2-16　设置五角星为黑色

(13) 预览和微调动画，灯光下的五角星逐渐变形为字母，如图 3-2-17 所示。

图 3-2-17　动画效果

3.3　项　目　实　施

第 3 篇项目重难点

3.3.1　构思与设计

一、确定主题

枯藤老树昏鸦，小桥流水人家，古道西风瘦马。夕阳西下，断肠人在天涯……秋之静美，又道挽歌。静听岁月的脚步，秋的悄然而至总是要伴着飒飒的秋风。"秋风瑟瑟"动画即以梦回故里为主题，制作秋风吹落竹叶的动画。

二、制订计划表

本项目计划使用课堂 14 学时，其中技能训练 4 学时，动画实施 10 学时，工作计划表如表 3-3-1、3-3-2 所示。

表 3-3-1　技能训练工作计划表

序号	工作内容	目的要求、方法和手段	时间安排
1	知识准备	在网络平台上自主学习，小组交流讨论。学习形状补间的应用，进一步熟悉动画补间的应用，进一步理解元件多层级嵌套的使用技巧	课前
2	技能训练 1	独立完成镜头动画，同桌互评 能够灵活应用补间动画制作镜头移动的效果	课中 2 学时 + 课后
3	技能训练 2	独立完成变形字幕动画，同桌互评 学习和练习形状补间，理解和熟练设置各项参数，灵活运用图层叠加营造灯光照射的效果，灵活运用形状补间制作文字变形的动画	课中 2 学时 + 课后
4	强化练习	课后自主进行，小组合作，进一步完善和修改技能训练作品 有能力的同学可以从技能训练库中自主选择本项目的其他案例强化练习	课后

表 3-3-2　动画实施工作计划表

序号	工作内容	目的要求、方法和手段	时间安排
1	构思和设计	1. 搜索资料，欣赏优秀作品，上传和共享资料，小组交流 2. 独立思考，确定主题 3. 确定作品整体风格和基调 4. 撰写剧本：安排动画各个镜头的时间和内容，必要时绘制分镜头脚本 5. 细分元件：思考并细分元件，思考元件之间的嵌套关系 6. 安排时间轴：思考并细分时间轴上的图层和元件	课前
2	绘制竹子	独立完成，同桌间互助 分别创建元件，分图层绘制竹子各个元件，拼合各个元件并进行排版布局，绘制一根完整的竹子矢量图	课中 2 学时 + 课后
3	小组交流	小组间相互点评，提出修改建议	课中 1 学时 + 课后
4	制作竹子动画	独立完成，同桌间互助 分别创建元件，逐层级嵌套元件，创建补间动画，制作竹叶随风而动的动画	课中 3 学时 + 课后
5	小组交流	小组间相互点评，提出修改建议	课中 3 学时 + 课后
6	制作文字动画	独立完成，同桌间互助 分别制作竹叶飘落并逐渐变形为文字的动画，编辑和导入背景音乐	课中 2 学时 + 课后
7	任务小结	教师点评，学生独立修改作品	课中 2 学时 + 课后
8	优化作品	小组交流，学生独立优化作品 将遇到的困难和问题在学习平台上提问和讨论	课后
9	答辩和评价	随机抽取 10 名同学进行答辩	课中 2 学时
10	课后拓展	1. 资料归档：整理文字资料、源文件、发布文件等 2. 拓展训练：自主进行，从技能训练库中选择本项目的其他案例强化训练	课后

三、组织架构

"秋风瑟瑟"动画需要绘制一根完整的竹子，并利用动画补间制作竹叶随风飘动的效果，同时利用形状补间制作竹叶变形为文字的动画。分析需要重复使用的对象、帧数较多的对象、需要整体操作的对象、需要制作动画的对象，得出需要创建的元件及其层级关系，如图 3-3-1 所示。

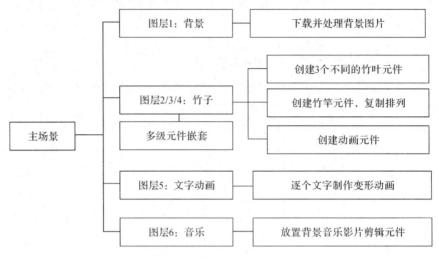

图 3-3-1　组织架构图

3.3.2　创建竹子元件

创建竹子元件的步骤如下：

(1) 新建 Flash 文档。

(2) 新建图形元件，命名为"竹节"，综合运用各种绘图工具绘制一段竹节，填充渐变色，如图 3-3-2 所示。

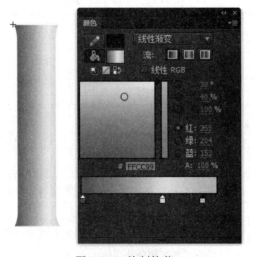

图 3-3-2　绘制竹节

(3) 新建影片剪辑元件，命名为"竹子动画"，将图层 1 重命名为"竹节"，从库中拖动"竹节"元件到舞台上，根据画面构图需要复制出几段竹节，并绘制几段静止的竹枝，注意竹节相邻处填充黑色线条营造立体效果，如图 3-3-3 所示。

(4) 新建图层并命名为"竹枝"，绘制一根较长的竹枝，用于放置竹叶，如图 3-3-4 所示。

图 3-3-3　绘制竹节　　　　　　　　　　　图 3-3-4　绘制竹枝

(5) 新建图层并命名为"1 片叶子"，绘制竹叶，将竹叶转换为图形元件，命名为"1 片叶子"，如图 3-3-5 所示。

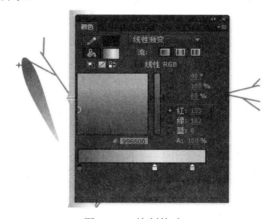

图 3-3-5　绘制竹叶

(6) 回到"竹子动画"影片剪辑元件编辑层级，新建图层并命名为"2 片叶子 1"，从库中拖动"1 片叶子"图形元件到舞台上，通过复制和变形布置两片叶子的位置和形状。在属性面板中分别设置"色彩效果"选项"高级"命令，修改叶子的颜色，同时选中两片叶子，转换为图形元件，命名"2 片叶子"，如图 3-3-6 所示。

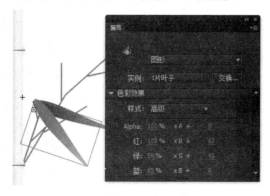

图 3-3-6　绘制竹叶

(7) 在"竹子动画"影片剪辑元件编辑层级，新建图层并命名为"2 叶子 2"，复制一组叶子，如图 3-3-7 所示。

图 3-3-7　排列叶子

（8）在"竹子动画"影片剪辑元件编辑层级，新建图层并命名为"3 片叶子 1"，从库中拖动"1 片叶子"图形元件到舞台上，通过复制和变形布置三片叶子的位置和形状。在属性面板中分别设置"色彩效果"选项，修改叶子的颜色，同时选中三片叶子，转换为图形元件，命名为"3 片叶子"，如图 3-3-8 所示。

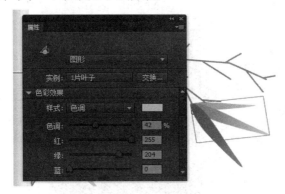

图 3-3-8　绘制竹叶

注意：如果仅仅使用一两个竹叶元件反复复制，竹叶效果会显得较为单一。为了营造竹叶不同的层次和更多的色彩变化，可以多创建几个图形元件，复制出多个实例，交叉排列。

（9）回到"竹子动画"影片剪辑元件编辑层级，新建多个图层，每个图层分别设置"3 片叶子"图形元件，并设置属性面板"色彩效果"微调叶子颜色，如图 3-3-9 所示。

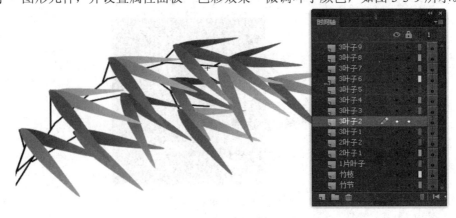

图 3-3-9　绘制竹叶

3.3.3 制作竹子动画

制作竹子动画的步骤如下：

(1) 在"竹子动画"影片剪辑编辑层级。

(2) 锁定所有图层，解锁"竹枝"图层，创建第 1 帧到第 20 帧、第 21 帧到第 40 帧的传统补间动画，制作竹枝随风摆动的效果。第 1 帧与第 40 帧画面相同，第 21 帧处通过变形面板将竹枝变形，效果如图 3-3-10 所示。

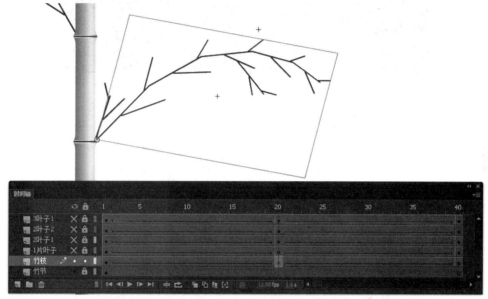

图 3-3-10 制作竹枝动画

(3) 制作"1 片叶子"动画，创建第 1 帧到第 20 帧、第 21 帧到第 40 帧的传统补间动画。第 1 帧与第 40 帧画面相同，第 21 帧处通过变形面板变形竹叶，制作一片竹叶随风而动的动画，效果如图 3-3-11 所示。

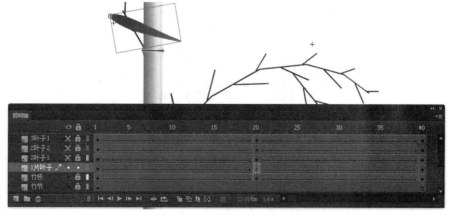

图 3-3-11 制作竹叶动画(一)

(4) 同理，分别制作两片叶子、三片叶子动画，为使动画更自然逼真，制作几组不同的动画效果，注意各组竹叶的运动方向和步调一致，第 1 帧和第 40 帧画面如图 3-3-12 所示，第 20 帧画面如图 3-3-13 所示。

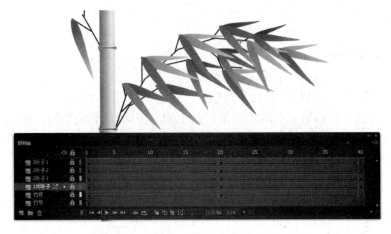

图 3-3-12　制作竹叶动画(二)

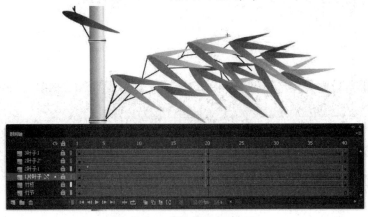

图 3-3-13　制作竹叶动画(三)

(5) 预览动画效果，微调动画。

(6) 回到主场景，将"图层 1"导入背景图片，新建图层并命名为"竹子后"。从库中拖动"竹子动画"元件到舞台上，调整好大小和位置。处于后层的竹子在显示上会稍微虚化，分别设置每个竹子动画的 Alpha 值，降低透明度以营造前后层次关系，如图 3-3-14 所示。

图 3-3-14　后层竹子

(7) 新建图层并命名为"竹子中"，从库中拖动"竹子动画"元件到舞台上，调整好大小和位置。处于中间层的竹子在显示上比后层竹子更清楚些，分别设置每个竹子动画的Alpha 值，以营造前后层次关系，如图 3-3-15 所示。

图 3-3-15　中间层竹子

(8) 新建图层并命名为"竹子前"，从库中拖动"竹子动画"元件到舞台上，调整好大小和位置，处于前层的竹子完全显示，不需要改变 Alpha 值，如图 3-3-16 所示。

图 3-3-16　前层竹子

(9) 预览动画效果，微调动画。

(10) 进一步体会图形元件和影片剪辑元件的区别及应用。

3.3.4　添加字幕和音乐

为竹子动画添加字幕和音乐的步骤如下：

(1) 在主场景，新建图层并命名为"文字"，输入文字"梦"，按下快捷键 Ctrl + B 打散文字，转换为影片剪辑元件，命名"文字"，双击文字进入该影片剪辑元件编辑层级。

(2) 拖动"图层 1"第 1 帧到第 30 帧，选中第 1 帧，从库中拖动"1 片叶子"图形元件到舞台上，打散叶子，打开颜色面板修改叶子颜色的不透明度，使其变得半透明，然后将叶子移动到竹子上的某个位置，如图 3-3-17 所示。

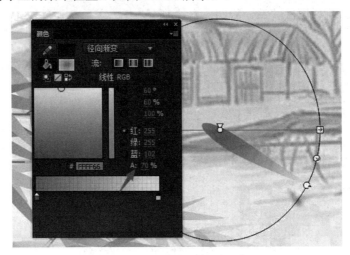

图 3-3-17　修改竹叶不透明度

（3）创建第 1 帧到第 30 之间的形状补间动画，观察动画效果，竹叶从竹子上飘落到场景右下角，并变形为文字"梦"。分别调整竹叶和文字的大小、位置、角度、颜色等信息，反复观察效果微调动画。

（4）在"文字"影片剪辑编辑图层，新建图层，复制"图层 1"第 1 帧中的竹叶到"图层 2"第 1 帧中。打开颜色面板微调色彩，在"图层 2"第 30 帧创建空关键帧，输入文字"里"，打散文字。创建第 1 帧到第 30 帧之间的形状补间动画，竹叶从竹子上飘落到场景右下角，并变形为文字"里"，反复观察效果微调动画。

（5）同理，新建图层分别制作竹叶变形为文字"故"和竹叶变形为"乡"的形状补间动画。时间轴第 1 帧如图 3-3-18 所示，第 15 帧如图 3-3-19 所示，第 30 帧如图 3-3-20 所示。

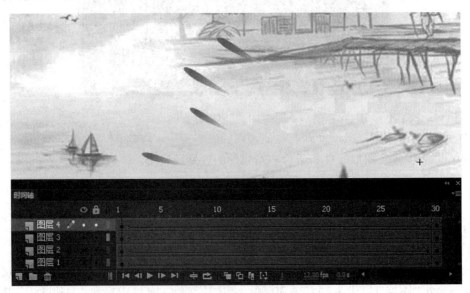

图 3-3-18　时间轴第 1 帧

图 3-3-19 时间轴第 15 帧

图 3-3-20 时间轴第 30 帧

(6) 新建图层,在第 30 帧创建关键帧,右击,在弹出的快捷菜单中选择"动作",输入脚本动作使得文字动画运行到第 30 帧后停止,脚本输入如下:

stop();

(7) 新建影片剪辑元件,命名"音乐",导入背景音乐,从库中拖动音乐到舞台上。回到主场景,新建图层并命名为"音乐",将音乐影片剪辑元件拖动到舞台上。主场景时间轴和库面板如图 3-3-21 所示。

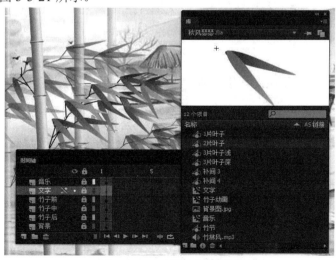

图 3-3-21 时间轴和库面板

(8) 预览动画,微调动画。

3.3.5 项目总结

一、使用形状提示控制形状补间的变化

形状提示会标识起始形状和结束形状中的相对应的点，以此能够控制更加复杂或罕见的形状变化。例如，要补间一张正在改变表情的脸部图画时，可以使用形状提示来来标记每只眼睛，这样在形状发生变化时，脸部就不会乱成一团，每只眼睛还都可以辨认，并在转换过程中分别变化。

形状提示包含从 a 到 z 的字母，用于识别起始形状和结束形状中相对应的点。最多可以使用 26 个形状提示。起始关键帧中的形状提示是黄色的，结束关键帧中的形状提示是绿色的，当不在一条曲线上时为红色。

以四边形变化为五角形为例，首先创建第 1 帧到第 20 帧四边形变化为五角形的形状补间动画，注意绘制的过程中图形没有轮廓线，如果希望四边形的四个角其中三个角与五角形的三个角相同，可以使用添加形状提示来制作这段动画，具体步骤如下：

(1) 选择补间形状序列中的第一个关键帧，选择"修改"菜单"形状"级联菜单中的"添加形状提示"命令，此时会自动添加一个起始形状提示，在该形状的某处显示为一个带有字母 a 的红色圆圈，如图 3-3-22 所示。

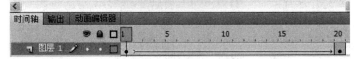

图 3-3-22　添加形状提示

(2) 使用选择工具，将该提示移动到要标记的点，即四边形左上角，如图 3-3-23 所示。

图 3-3-23　移动形状提示

(3) 选择补间序列中的最后一个关键帧。结束形状提示会在该形状的某处显示为一个带有字母 a 的绿色圆圈，如图 3-3-24 所示。

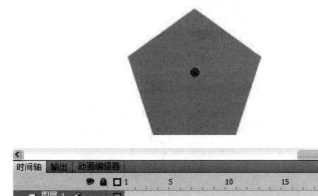

图 3-3-24　结束形状提示

(4) 将形状提示移动到结束形状中与标记的第一点对应的点上，如图 3-3-25 所示。

图 3-3-25　移动形状提示

(5) 重复这个过程，添加另外两个角的形状提示，将出现新的提示，所带的字母紧接之前字母的顺序。在制作过程中，要显示形状提示，选择“视图”菜单下的“显示形状提示”命令，要删除形状提示，则将其拖放到舞台之外即可。

(6) 预览动画，四角形的三个角被平移到了五角形的其中三个角处。

二、使用形状提示的注意事项

在使用形状提示时，应注意以下几点：

(1) 开始帧与结束帧上的形状提示是一一对应的，例如动画开始为形状提示 a 所在的位置，会变化到动画结束处 a 所在的位置。

(2) 按逆时针顺序从形状的左上角开始放置形状提示，变形效果较好。

(3) 形状提示要在形状的边缘才能起作用，在调整形状提示的位置前，可以选中工具箱中的“贴紧至对象”按钮，作用是形状提示自动吸附到图形边缘上。

三、Flash 中声音的高级设置

在 Flash 软件中导入声音后，打开声音属性面板，“同步”菜单下各个项目的含义如图 3-3-26 所示。

图 3-3-26 "同步"菜单选项

(1) 事件：声音的信息完全下载后才会开始播放，这种播放类型对于体积大的声音文件来说非常不利，因为在下载的过程中往往会造成停格的现象，所以在选用事件这一类型时，尽可能使用较短的声音文件。另外，当帧长度跟声音长度不同时，会出现某一方先播完，而另一方还在播放中的现象。

(2) 开始：将声音同步类型设成"开始"与设成"事件"的效果几乎是一样的，但是，开始类型并不需要帧数的支持，即便把一整首歌放到一帧时也可以全部播放。

(3) 停止：终止声音播放，强行停止声音的播放。

(4) 数据流：将声讯平均分配在所需要的帧中，也就是说，它占据了多少帧，就播放多少帧。另外，它采用一边下载一边播放的方式，将下载后的少量信息立即播放，因而不太会发生停格的现象。音频与动画帧播放完全同步，帧结束，音乐就结束，所以比较长的背景音乐通常会使用此同步类型。其缺点是有时会用跳帧来保持同步。

双击图库中声音符号的小喇叭图标即打开声音的属性面板，这里列出最终作品发布时音乐的设置，如图 3-3-27 所示。

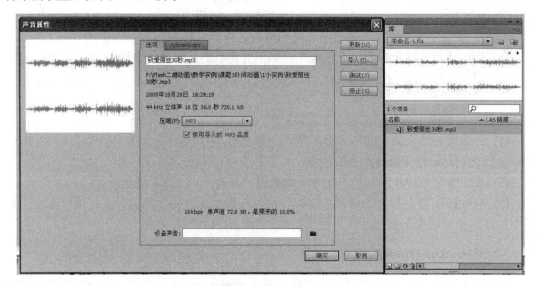

图 3-3-27 声音属性

在默认值的情况下，同样一首歌，WAV 和 MP3 在最后被输出时的文件体积会相差很多而音质基本无变化。在制作过程中，为了程序响应速度和测试快捷，最好使用 MP3格式，而在最后发布作品时，只要把音乐换为 WAV，就可以保证最后输出的文件不会过于巨大。

Flash 主要有 ADPCM、MP3、Raw 三种压缩方式，对于比较长的音乐 MP3 压缩格式是比较理想的，可以在作品先期测试时使用低音质版本，而在作品最终发布时使用高音质版本，如图 3-3-28 所示。

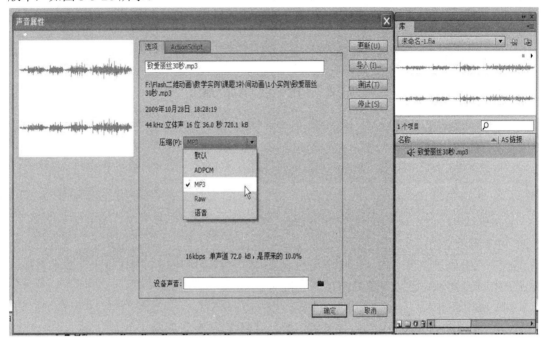

图 3-3-28　压缩方式

四、在 Flash 中实现位图的矢量化

矢量图容量小，放大无失真，具有无可比拟的优点，很多软件都可以把位图转换为矢量图，在 Flash 中位图转换为矢量图主要有如下三种方法。

1. 打散

打散后的位图不再是真正意义上的位图，而变成了矢量图，只不过这个矢量图由成千上万的小色块组成，在显示上与一般的矢量图有所区别。

2. 位图填充

在绘制图形时，除了填充颜色，还可以使用位图进行填充，虽然未进行打散，但填入某图形中的位图已经自动"矢量化"了。

3. 位图矢量化

位图矢量化是将位图通过一定的方法和规则转换成矢量图形，尽管矢量图形在色彩层次的描述上比位图失真，看起来单调一些，但是却有许多位图所不能拥有的优点，例如放大后不失真，边缘光滑清晰等。

　　执行"修改"菜单下"位图"级联菜单中的"位图转化为矢量图"命令，在弹出的对话框中可以设置转化参数，其中"颜色阈值"和"最小区域"设置得越低，"角阈值"和"曲线拟合"设置得越加紧密(像素选项)、越多转角(平滑选项)，得到的图形文件会越大，转换出的画面也就越精细。

　　注意：在制作动画过程中，除非必要，不建议进行位图矢量化，原因是如果按照最精细设置进行矢量化，会造成计算机运行负担。假设有十万个像素，将会有十万条矢量描述语句，会大大增加计算机运行负担，而且位图矢量化后那些极细小的矢量路径根本无法编辑。对于节点复杂的矢量图，按下快捷键 Ctrl + Alt + Shift + C 进行优化，可以大幅降低图片容量。

3.4　拓　展　训　练

3.4.1　答辩和评价

一、个人答辩

　　每位同学从本项目中选取自己认为制作比较好的至少两个作品(其中秋风瑟瑟必选)，制作 PPT 演示文档以备答辩。PPT 演示文档包括封面及目录页、作品说明页、尾页。其中作品说明页分别展示各个作品，每个作品展示内容包括主题思想、制作技术、艺术表现、遇到的困难及解决办法、经验与不足、心得体会等。

　　(1) 现场答辩人数：随机抽取 10 人。

　　(2) 答辩时间：每个人做 3～5 分钟汇报，并做 3～5 分钟答辩。

二、评价方法

　　每位同学借助 PPT 演示文档做说明性汇报之后，其他人进行提问和评价。

　　(1) 教师提问：教师针对作品的构思策划、技术手段、艺术设计等方面进行点评和提问，答辩者回答。

　　(2) 学生点评和提问：其他学生随机抽取一到两位对作品进行点评，并进行提问，答辩者回答。

　　(3) 综合评价：教师根据答辩者汇报情况、回答提问情况、学生评价情况等综合给出最终成绩。

三、注意事项

　　学生在进行答辩时要注意以下几点：

　　(1) 携带自己的 PPT 演示文档，或者提前一天将 PPT 演示文档上传到 FTP 网盘。

　　(2) 开场、结束语要简洁，注意开场白、结束语的礼仪。

　　(3) 坦然镇定，声音要大而准确，使在场的所有人都能听到。

　　(4) 对提出的问题在短时间内迅速做出反应，以自信而流畅的语言，肯定的语气，不慌不忙地回答问题。

(5) 对提出的疑问要审慎回答，对有把握的疑问要回答或辩解、申明理由；对拿不准的问题，可不进行辩解，而应实事求是地回答，态度要谦虚。

(6) 回答问题要注意以下几点：

① 正确、准确。正面回答问题，不转换论题，更不要答非所问。

② 重点突出。抓住主题、要领，抓住关键词语，言简意赅。

③ 清晰明白。开门见山，直接入题，不绕圈子。

④ 有答有辩。有坚持真理、修正错误的勇气。既敢于阐发自己独到的新观点，维护自己的正确观点，反驳错误观点，又敢于承认自己的不足，修正失误。

⑤ 辩才技巧。讲普通话，用词准确，讲究逻辑，吐词清楚，声音洪亮，抑扬顿挫，助以手势说明问题；力求深刻生动；对答如流，说服力、感染力强，给听众留下良好的印象。

3.4.2　资料归档

所有作品结束后，将作品文件、答辩文件、素材文件、参考资料等相关文件分门别类地保存并上传到网盘的个人文件夹中。

一、作品文件

每个作品包括源文件和发布文件两个文件，两个文件名称相同，保存在"项目 3"文件夹下的"作品"子文件夹中，作品文件编号及名称规范如图 3-4-1 所示。

图 3-4-1　作品文件

二、答辩文件

将 PPT 演示文档命名为"项目 3***汇报.ppt"，制作 PPT 过程中搜集和使用到的有用素材根据内容进行命名，保存到"项目 3"文件夹下的"答辩"子文件夹中。

三、素材文件

将使用到的图片、音乐等素材，根据素材内容进行命名，保存到"项目 3"文件夹下的"素材"子文件夹中。

四、参考资料

将构思策划过程中搜集到的各种学习资料，根据资料内容进行命名，保存到"项目3"文件夹下的"参考资料"子文件夹中。

3.4.3 课后思考

一、拓展练习

以秋季为主题，综合使用绘图工具绘制轮廓，使用颜色工具填充和调整色彩，设计和绘制一幅秋季图像，并综合运用逐帧动画技术、补间动画技术、形状补间动画技术制作动画。

二、选择题

1. 制作形状补间动画，使用形状提示能获得最佳变形效果，以下说法正确的是(　　)。

A. 在复杂的变形动画中，不用创建一些中间形状，而仅仅使用开始和结束两个形状

B. 确保形状提示的逻辑性

C. 如果将形状提示按逆时针方向从形状的右上角位置开始，则变形效果将会更好

D. 以上说法都错

2. 在 Flash 中，要对字符设置形状补间，必须按(　　)键将字符打散。

A. Ctrl + J   B. Ctrl + O

C. Ctrl + B   D. Ctrl + S

3. Flash 中的形状补间动画和动作补间动画的区别是(　　)。

A. 两种动画很相似

B. 在现实当中两种动画都不常用

C. 形状补间动画比动作补间动画容易

D. 形状补间动画只能对打散的物体进行制作，动作补间动画能对元件的实例进行制作动画

4. 在做形状动画时，添加形状提示可按键盘中的(　　)。

A. Ctrl + H   B. Shift + H

C. Alt + H   D. Ctrl + Shift + H

5. 哪些类型动画的制作只需给出动画序列中的起始帧和终结帧，中间的过渡帧可通过 Flash 自动生成(　　)。

A. 逐帧动画   B. 形状补间

C. 运动补间   D. 蒙板动画

6. 常见的动画类型有(　　)。

A. 逐帧动画

B. 形状补间动画

C. 运动补间动画

D. 蒙板动画和行为动画

三、问答题

简述动作补间动画和形状补间动画的区别。

课后思考题及答案

第4篇　冬雪霏霏

【项目描述】

　　"冬雪霏霏"动画以冬日恋歌为主题，描绘一幅静谧安逸的雪景图。该项目通过绘制不同的运动路径，综合运用动画补间技巧制作不同雪花飘落的动画效果，以及通过蒙版，制作文字扫光的动画效果。该项目综合训练引导层动画和遮罩动画制作技能，同时进一步提高学习动画审美能力和策划能力。项目总体效果图如图 4-0-1 所示。

图 4-0-1　"冬雪霏霏"动画效果图

【知识技能点】

　　遮罩；遮罩动画；引导线；引导层动画。

【训练目标】

　　(1) 理解遮罩的作用，并能够正确绘制遮罩。

　　(2) 掌握遮罩绘制技巧，能够灵活使用遮罩。

　　(3) 能够熟练制作遮罩层动画和被遮罩层动画。

(4) 理解引导线的作用，并能够正确绘制引导线。

(5) 掌握引导线绘制技巧，能够灵活使用引导线。

(6) 能够熟练制作引导层动画。

(7) 理解场景的作用，能够熟练管理和操作场景。

(8) 进一步理解不同元件的特点和应用。

(9) 进一步提高元件嵌套的能力。

(10) 进一步提高时间轴的管理能力。

(11) 能够通过各种媒体资源搜索并处理素材。

(12) 审美能力得到进一步提升。

(13) 能够对训练项目举一反三，灵活运用。

(14) 通过小组合作，沟通能力、制订方案和解决问题能力进一步加强。

4.1　知识准备

4.1.1　遮罩动画

一、创建遮罩动画

1. 遮罩动画的概念

遮罩类似 Photoshop 软件中的蒙版，遮罩层中的对象决定其下一层即被遮罩层中的对象的显示区域。遮罩层中有对象的地方下一层的内容即显示，遮罩层中空白的地方下一层中的内容即隐藏。遮罩层中的内容可以是按钮、影片剪辑、图形、位图、文字等，但不能使用线条。在遮罩层和被遮罩层中均可设定补间或者逐帧动画。

遮罩动画

2. 遮罩动画的创建

创建遮罩动画时分别制作好遮罩层和被遮罩层，右击遮罩层选择"遮罩"即可，遮罩形成后两个图层会自动被锁定。要成功制作遮罩动画，需要注意以下几点：

(1) 遮罩需要两层实现，上层叫遮罩层，下层叫被遮罩层。

(2) 遮罩结果显示的是二层叠加区域的被遮罩层内容。

(3) 遮罩层中的图形对象在播放时是看不到的。

二、遮罩动画技巧

在遮罩层和被遮罩层中均可制作动画，以制作七彩效果文字为例，制作被遮罩动画的基本思路如下：

(1) 遮罩层输入白色文字，作为遮罩。

(2) 被遮罩层绘制七彩矩形，作为被遮罩层。

(3) 创建第 1 帧到第 30 帧的补间动画，第 1 帧七彩矩形底部与文字冲齐，第 30 帧七彩矩形顶部与文字冲齐，营造色彩流动的效果，如图 4-1-1、图 4-1-2 所示。

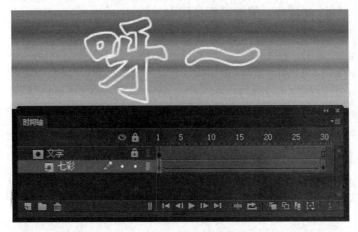

图 4-1-1　遮罩动画第 1 帧

图 4-1-2　遮罩动画第 30 帧

(4) 锁定遮罩层和被遮罩层，动画效果如图 4-1-3 所示。

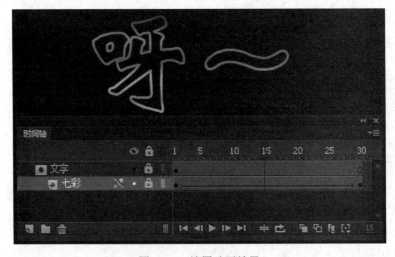

图 4-1-3　遮罩动画效果

同理，可以制作横线运动的遮罩动画，如图 4-1-4、图 4-1-5 所示。

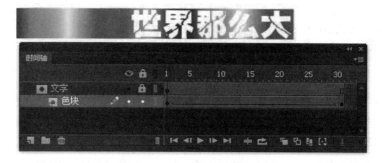

图 4-1-4　遮罩动画第 1 帧

图 4-1-5　遮罩动画第 30 帧

4.1.2　引导层动画

一、创建引导层动画

1. 引导层动画的概念

Flash 提供了一种简便的方法来实现对象沿着复杂路径移动的效果，这就是引导层动画。引导层动画又称轨迹动画，可以实现树叶飘落、小鸟飞翔、星体运动、激光写字等效果的制作。引导层动画由引导层和被引导层组成，引导层用来放置对象运动路径(引导线在最终生成动画时不可见)，被引导层用来放置运动对象。

引导层动画

2. 多引导层的概念

多引导层就是利用一个引导层同时引导多个被引导层。要使引导层能够引导多个图层，可以将图层拖移到引导层下方，或通过更改图层属性的方法添加需要被引导的图层。

3. 引导层动画的创建

创建引导层动画主要有以下几种方法：

(1) 在时间轴面板单击"添加引导层"按钮，在当前图层上增加一个运动引导层，则当前图层变成被引导层。

(2) 右击图层名，在打开的快捷菜单中选择"添加引导层"命令，即在当前图层上增加一个引导层。

(3) 选择某个图层，选择"插入"菜单"时间轴"级联菜单下的"引导层"命令，即在当前图层上增加一个运动引导层。

(4) 可以将普通层转变为引导层，方法是右击选择"引导层"，然后再拖动另外一个普通层到引导层的下方。

4. 使对象沿路径运动

要使元件能够沿着路径运动，在动画开始和结束的关键帧上，元件的注册点必须对准线段开始和结束的端点，否则无法引导。可以使用任意变形工具手动调整元件的注册点。

5. 解除引导

要解除引导，可以把被引导层拖离"引导层"，或在图层区的引导层上单击右键，在弹出的菜单上选择"属性"，在对话框中选择"正常"作为图层类型。

二、引导层动画技巧

1. 绘制引导线的技巧

(1) 引导线不能是封闭曲线，必须要有起点和终点，完全封闭的曲线会使运动对象无法判断开始和结束位置。

引导层动画技巧

(2) 起点和终点之间的线条必须是连续的，不能间断，否则运动对象行使到断点处时会无法判断方向。

(3) 引导线转折处不宜过急、过多，否则运动对象无法准确判定运动路径使引导动画失败。平滑圆润的线段有利于引导动画成功制作。

(4) 引导线允许重叠，例如螺旋状引导线，但在重叠处的线段必须保持圆润，让 Flash 能辨认出线段走向，否则会使引导失败。

2. 使元件注册点自动吸附到路径上

在做引导路径动画时，在被引导层图层，制作动画后选择任意一帧，打开属性面板，选择"贴紧"，可以使对象附着于引导线的操作更容易成功。

3. 使对象自动随着路径的转折而调整自身方向

通过属性面板的"调整到路径"命令，可以实现运动对象自动随着路径的转折而调整自身方向。

4. 圆周运动的制作

要想让对象做圆周运动，可以在"引导层"画个圆形线条，再用橡皮擦去一小段，使圆形线段出现两个端点，再把对象的起点、终点分别对准两个端点即可。

4.1.3 动画发布设置

一、发布为 SWF 动画

发布为 SWF 动画时可选择"文件 > 发布设置"菜单命令，在左侧的发布列表中选择"SWF"选项。

(1) 从"目标"弹出菜单中选择播放器版本。

发布设置

（2）从"脚本"弹出菜单中选择 AS 版本。

（3）设置"JPEG 品质"：可以通过拖动滑块或者输入数值的方式来设置图像品质。图像品质越低，生成的文件体积越小；图像品质越高，生成的文件体积就越大。如果使用高度压缩的 JPEG 图像会使之显得更加平滑，选择"启用 JPEG 解块"，选中此项后，JPEG 图像可能会丢失少量细节。

（4）设置声音压缩：如果要设置 SWF 文件中声音的采样率和压缩，则单击"音频流"或者"音频事件"旁边的参数，打开"声音设置"对话框，一般按照默认设置即可。如果要导出适合于移动设备的声音而不是原始库中的声音，则勾选"导出设备声音"复选框。

二、发布为 HTML 文件

在浏览器中播放动画内容时需要一个能激活 SWF 文件并指定浏览器设置的 HTML 文档。发布命令会使模板文档中的 HTML 参数自动生成此文档。选择"文件 > 发布设置"菜单命令，在左侧的发布列表中选择"HTML"选项。

（1）设置尺寸：选择一种"大小"选项，以设置 object 和 embed 标签中的 width 和 height 属性的值，默认为"匹配影片"，即使用 SWF 文件的大小。

（2）设置播放：选择一种"播放"选项，以控制 SWF 文件的播放和功能。选择"开始时会暂停"会一直暂停播放 SWF 文件，直到用户单击按钮或者从快捷菜单中选择播放命令后才开始播放。默认不选中此项，即加载内容后立即开始播放 SWF 文件。选择"循环"选项，SWF 文件会重复播放，取消选择此项 SWF 文件播放一次后会停止播放，默认选中此项。选择"设备字体"会使用消除锯齿的系统字体替换用户系统上未安装的字体，以此提高较小字体的清晰度，并且能够减小 SWF 文件的大小，此选项只影响静态文本且文本设置为用设备字体显示的 SWF 文件。

三、发布为 GIF 动画

GIF 动画文件提供了一种简单的方法来导出简短的动画序列，以供在网页中使用。选择"文件 > 发布设置"菜单命令，在左侧的发布列表中选择"GIF 图像"选项。

（1）设置尺寸：输入导出的位图图像的宽度和高度值（以像素为单位），或者选择"匹配影片"使 GIF 和 SWF 文件大小相同并保持原始图像的高宽比。

（2）设置播放属性：确定 Flash 创建的是静止图像还是 GIF 动画，如果选择"动画"，可选择"不断循环"或输入重复次数。

（3）设置透明度：若要确定应用程序背景的透明度以及将 Alpha 设置转换为 GIF 的方式，则选择以下"透明"选项之一：

① 不透明：使背景成为纯色。

② 透明：使背景透明。

③ Alpha：设置局部透明度，输入一个 0～255 的阈值，值越低，透明度越高，值 128 对应 50%的透明度。

四、发布为 JPEG 图片

JPEG 格式可让图像保存为高度压缩的 24 位位图。通常，GIF 格式对于导出线条绘画效果较好，而 JPEG 格式更适合显示包含连续色调(如照片、渐变色或嵌入位图)的图像。选择"文件 > 发布设置"菜单命令，在左侧的发布列表中选择"JPEG 图像"选项。

(1) 设置尺寸：输入导出的位图图像的宽度和高度值(以像素为单位)，或者选择"匹配影片"使 JPEG 图像和舞台大小相同并保持原始图像的高宽比。

(2) 设置品质：拖动滑块或输入一个值，可控制 JPEG 文件的压缩量。图像品质越低则文件越小，反之亦然。若要确定文件大小和图像品质之间的最佳平衡点，可尝试使用不同的设置。

五、发布为 PNG 图片

PNG 是唯一支持透明度(Alpha 通道)的跨平台位图格式。选择"文件 > 发布设置"菜单命令，在左侧的发布列表中选择"PNG 图像"选项。

(1) 设置尺寸：输入导出的位图图像的宽度和高度值(以像素为单位)，或者选择"匹配影片"使 PNG 图像和 SWF 文件大小相同并保持原始图像的高宽比。

(2) 设置位深度：设置创建图像时要使用的每个像素的位数和颜色数，位深度越高，文件就越大。

① 8 位/通道：用于 256 色图像。

② 24 位/通道：用于数千种颜色的图像。

③ 24 位/通道 Alpha：用于数千种颜色并带有透明度的图像。

4.1.4　动画色彩设计基础

一、色彩三要素

1. 色相

动画色彩基础

色相是指色彩的相貌，是色彩最显著的特征，是不同波长的色彩被感觉的结果。光谱上的红、橙、黄、绿、青、蓝、紫就是七种不同的基本色相，如图 4-1-6 所示。

图 4-1-6　色相

2. 明度

明度是指色彩的明暗、深浅程度的差别，它取决于反射光的强弱。它包括两个含义：一是指一种颜色本身的明与暗，二是指不同色相之间存在着明与暗的差别，如图 4-1-7 所示。

图 4-1-7 明度

3. 纯度

纯度也称彩度、艳度、浓度、饱和度，是指色彩的纯净程度，如图 4-1-8 所示。

图 4-1-8 纯度

二、色相环

色相环由 12 种基本的颜色组成。首先包含的是色彩三原色，即红、黄、蓝，原色混合产生了二次色，用二次色混合就产生了三次色。

原色是色相环中所有颜色的"父母"，在色相环中，只有这三种颜色不是由其他颜色混合而成，三原色在色环中的位置是平均分布的，如图 4-1-9 所示。

二次色所处的位置是位于两种三原色一半的地方，每一种二次色都是由离它最近的两种原色等量混合而成的颜色，如图 4-1-10 所示。

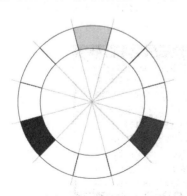
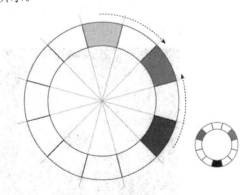

图 4-1-9 色相环　　　　　　图 4-1-10 二次色

三次色由相邻的两种二次色混合而成，如图 4-1-11 所示。

在色相环中的每一种颜色都拥有部分相邻的颜色，如此循环成一个色环，例如图 4-1-12 七种颜色中，都拥有黄色。同样的，离黄色越远的颜色，拥有的黄色就越少。绿色及橙色这两种二次色都含有黄色，如图 4-1-12 所示。

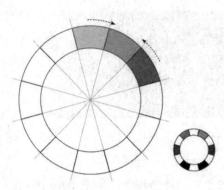

图 4-1-11　三次色

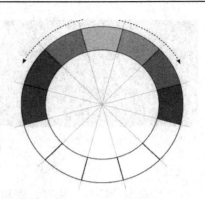

图 4-1-12　相邻色

颜色有明暗之分，或者称为颜色数值。为了显示颜色的明暗，色相环有多个环，两个外围的大环是暗色，里面两个小环是明色。

色相环由五个同心环组成，从暗到亮——暗色处于大环，明色处于小环，而中间是颜色的基本色相，如图 4-1-13 所示。

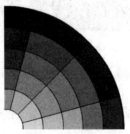

图 4-1-13　同心环

三、色彩搭配

1. 单色搭配

一种色相由暗、中、明三种色调组成，这就是单色。单色搭配上并没有形成颜色的层次，但形成了明暗的层次，如图 4-1-14 所示。

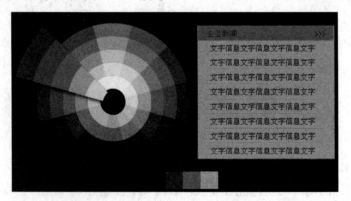

图 4-1-14　单色搭配

2. 类比色搭配

相邻的颜色称为类比色。类比色都拥有共同的颜色。这种颜色搭配产生了一种令人悦目、低对比度的和谐美感。类比色非常丰富，在设计时应用这种搭配同样让人轻易产生较好的视觉效果，如图 4-1-15 所示。

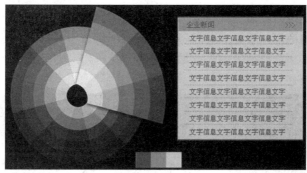

图 4-1-15　类比色搭配

3. 补色搭配

在色相环上直线相对的两种颜色称为补色，补色可形成强烈的对比效果，传达出活力、能量、兴奋等意义。补色要达到最佳的效果，最好是其中一种面积比较小，另一种比较大，比如在一个蓝色的区域里搭配橙色的小圆点，如图 4-1-16 所示。

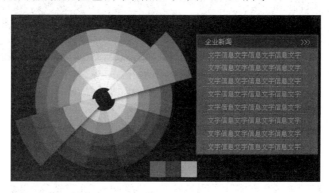

图 4-1-16　补色搭配

4. 分离补色搭配

如果同时用补色及类比色的方法来确定的颜色关系，就称为分离补色。这种颜色搭配既具有类比色的低对比度的美感，又具有补色的力量感，形成了一种既和谐又有重点的颜色关系。如在图 4-1-17 所示的三种颜色中，红色就显得更加突出。

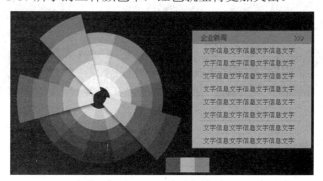

图 4-1-17　分离补色搭配

5. 原色搭配

除了在一些儿童的产品中，三原色同时使用的情况是比较少见的。但是，无论是在中国还是在美国的文化中，红黄搭配都是非常受欢迎的。红黄搭配应用的范围很广——从快餐店到加油站，我们都可以看见这两种颜色同时在一起。蓝红搭配也很常见，但只有当两者的区域是分离时，才会显得吸引人，如果是紧邻在一起，则会产生冲突感，如图 4-1-18 所示。

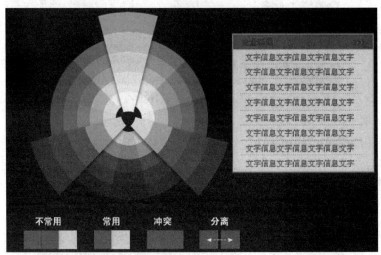

图 4-1-18 　原色搭配

6. 二次色搭配

二次色之间都拥有一种共同的颜色，其中两种共同拥有蓝色，两种共同拥有黄色，两种共同拥有红色。所以它们能够轻易形成协调的搭配。如果三种二次色同时使用，则会显得很舒适、有吸引力，并具有丰富的色调，如图 4-1-19 所示。

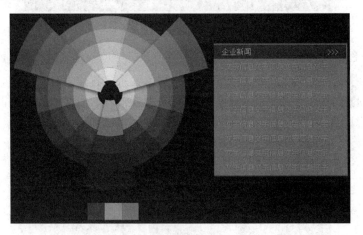

图 4-1-19 　二次色搭配

7. 全色相搭配

从色相环上取出所有的色相，开放、热闹、像节日一样的配色就产生了，全色相会给人带来可以随时参与进去的气氛，这恰好是适合节日气氛的色相，如图 4-1-20 所示。

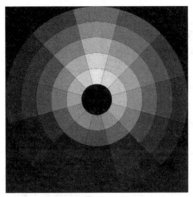

图 4-1-20　全色相搭配

四、配色案例

1. 同色系配色

同色系配色是指主色和辅色都在统一色相上，这种配色方法往往会给人页面很一致化的感受，如图 4-1-21 所示。

图 4-1-21　同色系配色

案例赏析： 整体蓝色设计会带来统一印象，颜色的深浅分别承载不同类型的内容信息，比如信息内容模块，白色底代表用户内容，浅蓝色底代表回复内容，更深一点的蓝色底代表可回复操作，颜色主导着信息层次。

2. 近邻色配色

近邻色配色方法比较常见，搭配比同色系稍微丰富，色相柔和过渡看起来也很和谐，如图 4-1-22 所示。

图 4-1-22　近邻色配色

案例赏析：纯度高的色彩，基本用于组控件和文本标题颜色，各控件采用邻近色使页面不那么单调，再把色彩饱和度降低用于不同背景色和模块划分。

3. 对比色配色

色彩间对比视觉冲击强烈，容易吸引用户注意，使用时经常大范围搭配，如图 4-1-23 所示。

图 4-1-23　对比色配色

案例赏析：VISA 是一个信用卡品牌，深蓝色传达和平、安全的品牌形象，黄色能让用户产生兴奋、幸福感。另外，蓝色降低明度后再和黄色搭配，对比鲜明之余还能缓和视觉疲劳。

4.1.5　动画剧本

一、动画主题

动画主题主要有以下几种分类。

1. 情感型动画

情感型动画通过叙事或者抒情的方式用动画短片中的人物语言、动作和细腻的心理活动来表达一种感情。例如奥斯卡获奖短片《父与女》，整个动画没有一句对话，画面非常朴素，只是简单的线描和淡彩，但动画通过细腻的动作刻画和完美的背景音乐营造出了一种极其感人的深刻情感和对人生的感悟。

动画剧本

2. 幽默型动画

幽默型动画通过动画中角色的夸张行为、语言笑料或者有趣情节产生让人捧腹的效果，例如经典动画《唐老鸭》。

3. 哲理型动画

哲理型动画的画面和情节可能非常单一，但是在单一的表象下隐藏了很多深层次的哲理，回味无穷。

二、动画剧本

1. 编写动画剧本

动画剧本就是文字脚本，在文字脚本的编写中将要表达的故事情节以及要表现的情感表达出来，也相当于电影和电视剧中的编剧。一个优秀的剧本应该富有表现力，能吸引人的眼球。

(1) 小说式写作：指把剧本写成小说，导演或者负责划分镜头的工作人员可以按照小说式剧本的内容来构造镜头。经典叙事性小说如《战争与和平》《基督山伯爵》等都可以说是一种小说式剧本。小说式剧本缺陷在于描叙过于文学性，许多时间与空间概念比较含糊，镜头划分人员必须用大量的精力来筛选可用情节，并构想如何表达各个剧情场面。

(2) 运镜式写作：相比小说式写作，运镜式剧本写作方法则是一种非常实用、具有完全分镜功能的文字剧本创作方式。运镜式剧本使用视觉特征强烈的文字表达方式，把各种时间、空间氛围用直观的视觉感受量词表现出来。运镜式剧本其实就是使用镜头语言来写作，用文字形式来划分镜头。

例如：要表达一个季节氛围，小说式剧本可以写成"秋天来了，天气开始凉了"。但是接下来分镜台本创作者要如何根据这句话来描绘一个形容"秋天来了，天气开始凉了"的场景？分镜台本创作者仍然要思考如何把季节和气候概念转化为视觉感受。"秋天来了，天气开始凉了"有多种视觉表达方式，剧本可以写"树上的枫叶呈现出一片红色，人们穿上了长袖衣衫"，这是一个明确表达的视觉观感，也可以写"菊花正在盛开，旁边的室内温度计指向 10 摄氏度"，这同样是一个明确表达"秋天来了，天气凉了"的视觉印象。

用镜头语言进行写作，可以清晰地呈现出每个镜头的面貌。如果要表达一个人走向他的车子的情景，可以这么写："平视镜头，XX 牌轿车位于画面中间稍微靠右，角色 A 从左边步行入镜，缓步走到车旁，站停，打开车门，弯腰钻入车内。"这就是一个明确的镜头语言表述。学会运用镜头语言来进行写作，对于一个 Flash 剧作者来说是必要的。

2. 分镜头稿本的制作

分镜头稿本一般包括以下内容。

(1) 镜号：镜头的编号，为方便区别和管理而使用。

(2) 景别：实际上就相当于人观察对象的距离长短而区分出不同景别。在实际生活中，人们依照自己所处的位置和当时的心理需要，或远看取其势，或近看取其质，或扫视全局，或盯住一处，或看个轮廓，或明察细节。影视艺术正是为了满足人们这种心理上、视觉上的变化特点，才产生了镜头的不同景别。景别一般分为远景、全景、中景、近景、特写、大特写。

(3) 技巧：在观看电视或电影的时候能明显能感觉到运动的画面，这就是由运动镜头拍摄的结果。那么在 Flash 制作动漫作品中是否同样有用而且重要呢？当然了，其实广义上讲，Flash 形式的动漫作品也应该算作影视艺术范畴，所以 Flash 动画与传统的影视具有非常多的共性，显然，就可以将传统影视的相关技术应用到 Flash 动漫作品中。

(4) 时间：一个镜头的持续时间，通常在分镜头稿本中应该尽量精确地将时间规定好。

(5) 画面：当前镜头所表现的主要内容，这也是需要在 Flash 中制作的所有元素，例如绘制场景、绘制人物造型、文字处理等。

(6) 歌词/对白：在制作故事情节较强的动漫作品时，可以考虑加入人物对白，就像一部真正的动画片一样。针对 Flash MV 来讲，歌词与画面的呼应也至关重要。

(7) 备注：对该镜头的注意事项等进行备注。

4.2　技　能　训　练

4.2.1　制作卷轴画

制作卷轴画的步骤如下：

(1) 新建 Flash 文档。

(2) 导入素材图片"画布"，转换为图形元件，进入该元件编辑层级，将图层 1 重命名为"画布"。新建图层并命名为"画"，导入素材图片"画"，调整好画和画布的大小与位置，如图 4-2-1 所示。

技能训练制作卷轴画

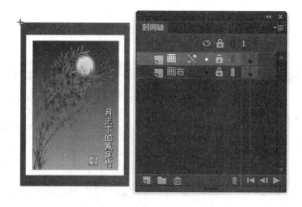

图 4-2-1　画

(3) 回到主场景，将图层 1 重命名为"画"，新建图层并命名为"遮罩"，绘制矩形使其完全覆盖画。将矩形遮罩转换为图形元件，命名为"遮罩"。在第 1 帧将矩形遮罩移动到画的上边缘，如图 4-2-2 所示。

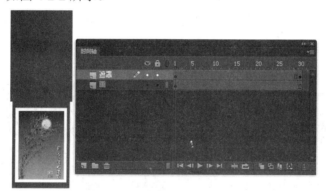

图 4-2-2　第 1 帧遮罩位置

(4) 在第 30 帧创建关键帧，将矩形遮罩移动到画的下边缘，在第 1 帧到第 30 帧之间创建传统补间动画，观察动画效果，矩形遮罩由上到下移动并逐渐将画盖住，如图 4-2-3 所示。

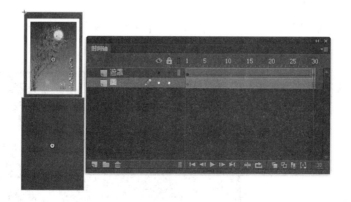

图 4-2-3　第 30 帧遮罩位置

(5) 右击"遮罩"图层，在弹出的快捷菜单中选择"遮罩层"命令，观察时间轴图层显示，图层标志由普通图层变为遮罩标志，"画"图层会向右缩进，同时两个图层自动被锁定。遮罩动画只有遮罩层和被遮罩层同时锁定并且同时显示才可以预览到动画效果，否则遮罩将会失效。时间轴图层显示如图 4-2-4 所示。

图 4-2-4　时间轴

（6）预览时间轴动画效果，画由完全不显示逐渐到完全显示。新建图层并命名为"上轴"，导入素材图片"轴"，转换为图形元件，命名为"轴"，调整好上轴的大小和位置，如图 4-2-5 所示。

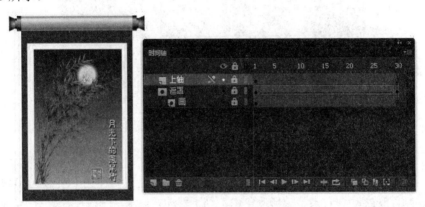

图 4-2-5　上轴

（7）新建图层并命名为"下轴"，将上轴元件复制到下轴中，调整好下轴位置，使其位于上轴下方，如图 4-2-6 所示。

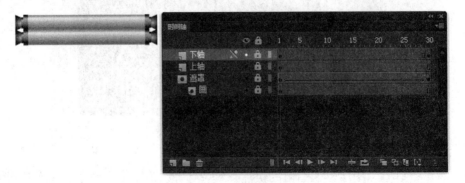

图 4-2-6　下轴第 1 帧

(8) 在第 30 帧创建关键帧,调整下轴的位置到画的底部,创建第 1 帧到第 30 帧之间的补间动画,如图 4-2-7 所示。

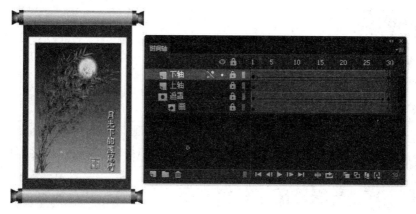

图 4-2-7　下轴第 30 帧

(9) 预览动画效果,随着画轴逐渐打开,画逐渐显示,如果遇到画的显示和画轴打开不同步的情况,可微调第 30 帧图像的位置使其同步。

4.2.2　制作蝴蝶飞舞

制作蝴蝶飞舞动画的步骤如下:

(1) 打开第 1 篇中的"春花弄蝶"项目源文件,另存为"5.2.3 蝴蝶飞舞"。

(2) 锁定所有图层,解锁"蝴蝶"图层。新建图层并命名为"引导层",使用线条工具绘制蝴蝶飞舞的曲线,如图 4-2-8 所示。

技能训练制作
蝴蝶飞舞

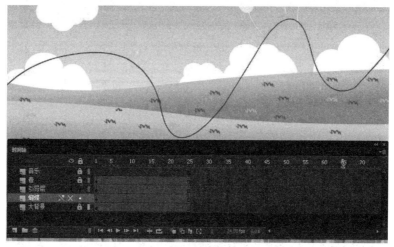

图 4-2-8　绘制引导线

(3) 选中所有图层第 70 帧处的小方格,创建普通帧。右击"引导层"图层,在弹出的快捷菜单中选择"引导层",拖动"蝴蝶"图层到"引导层"图层的下方,使其成为被引导层。

(4) 选中蝴蝶，拖动蝴蝶元件的中心点使其吸附到路径上，修改好大小和位置，使蝴蝶位于舞台左侧之外的工作区，如图 4-2-9 所示。

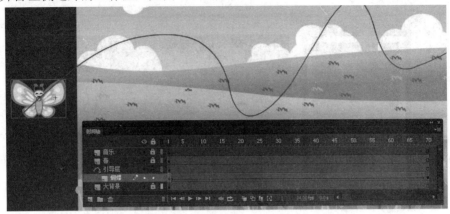

图 4-2-9　蝴蝶第 1 帧

(5) 在第 70 帧创建关键帧，然后创建第 1 帧到第 70 帧之间的传统补间动画，调整第 70 帧蝴蝶的位置，使蝴蝶位于舞台右侧之外的工作区，如图 4-2-10 所示。

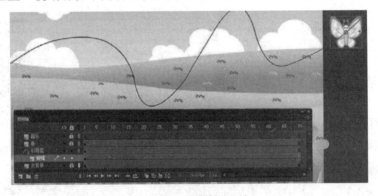

图 4-2-10　蝴蝶第 70 帧

(6) 观察时间轴动画，蝴蝶即沿着路径做曲线运动，同时扇动翅膀。

(7) 选中补间动画之间的任意一帧，打开属性面板，勾选"调整到路径"复选框，观察动画效果，蝴蝶头部发生转向，如图 4-2-11 所示。

图 4-2-11　属性设置

(8) 选中"蝴蝶"图层第 1 帧，使用任意变形工具旋转蝴蝶，使其头部朝向路径方向，如图 4-2-12 所示。

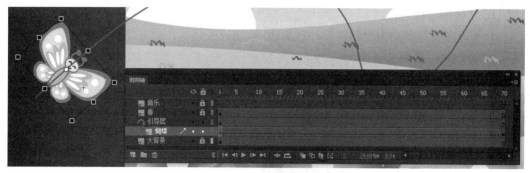

图 4-2-12　第 1 帧设置

(9) 选中"蝴蝶"图层第 70 帧，使用任意变形工具旋转蝴蝶，使其头部朝向路径方向，如图 4-2-13 所示。

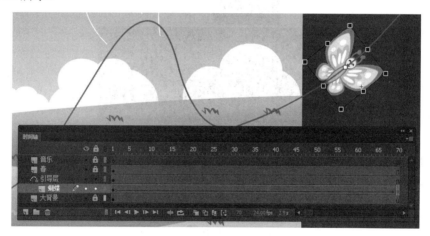

图 4-2-13　第 70 帧设置

(10) 观察时间轴动画，蝴蝶一边扇动翅膀，一边沿路径移动，同时还会根据路径的起伏调整头部朝向。

注意：在制作蝴蝶动画的同时，可以随时调整路径的形状和位置，蝴蝶运动会自动同步路径的调整。

4.2.3　制作毛笔字

一、制作文字遮罩动画

制作文字遮罩动画的步骤如下：

(1) 新建 Flash 文档。

(2) 将图层 1 重命名为"字 1"，输入文字"人"，按下快捷键 Ctrl + B 将文字打散为图形。选中"人"字的第二个笔画，按下快捷键 Ctrl + X 执行剪切命令。新建图层并命名为"字 2"，按

技能训练制作毛笔字

下快捷键 Ctrl + Shift + V 即可将剪切的内容粘贴到新图层中原来的位置处。

（3）隐藏和锁定"字2"图层，选中"字1"为当前图层，将第1帧拖动到第30帧处，在第110帧处创建普通帧。

（4）新建图层并命名为"遮罩"，在第30帧创建关键帧，绘制矩形块使之完全覆盖住文字，将矩形块上移到文字上方。

（5）在第70帧创建关键帧，然后创建第30帧到第70帧之间的传统补间动画。选中第70帧，下移矩形块使其完全覆盖住文字，观察时间轴动画效果，矩形块由文字上方逐渐下移直至完全覆盖文字，如图4-2-14所示。

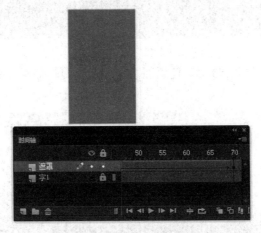

图 4-2-14　遮罩图层第 70 帧

（6）右击"遮罩"图层，在弹出的快捷菜单中选择"遮罩层"，观察时间轴图层状态，"字1"图层向右缩进为"遮罩"图层的被遮罩层，观察时间轴动画效果，文字逐渐出现，如图4-2-15所示。

图 4-2-15　遮罩动画时间轴

（7）选中"字2"图层为当前图层，将第1帧拖动到第80帧处。同理，利用遮罩动画原理遮罩第二笔逐渐出现的动画。新建图层并命名为"遮罩"，在第80帧创建关键帧，绘制矩形块使之完全覆盖住文字，将矩形块上移到文字上方，在第110帧创建关键帧，然后创建第80帧到第110帧之间的传统补间动画。选中第110帧，下移矩形块使其完全覆盖住文字。右击"遮罩"图层，在弹出的快捷菜单中选择"遮罩层"，观察整个动画效果，文字一笔一画出现，如图4-2-16所示。

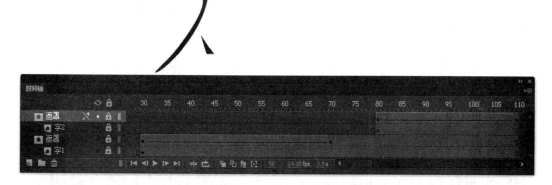

图 4-2-16　文字遮罩动画

二、遮罩毛笔引导层动画

引导层动画的制作如下：

(1) 新建图层并命名为"笔"，导入毛笔图片，调整好大小和位置，将毛笔转换为图形元件。

(2) 右击"笔"图层，在弹出的快捷菜单中选择"添加传统运动引导层"，命名为"引导线"，在第 30 帧创建关键帧，使用线条工具沿文字第一个笔画的轮廓绘制引导线。

(3) 观察时间轴，"笔"图层向右缩进为"引导线"图层的被引导层，在"笔"图层创建第 1 帧到第 20 帧之间的传统补间动画，使毛笔由画面之外运动到引导线的起始位置。

(4) 在第 30 帧创建关键帧，使用任意变形工具调整中心点到笔尖位置，调整毛笔的位置使其笔尖位于引导线路径的起点。在第 70 帧创建关键帧，然后创建第 30 帧到第 70 帧的传统补间动画，如图 4-2-17 所示。

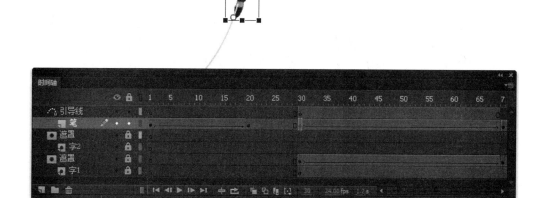

图 4-2-17　调整元件中心点

(5) 在第 70 帧处调整毛笔笔尖的位置到引导线路径终点，注意观察元件的中心点必须吸附到路径上。观察时间轴动画效果，毛笔沿着引导线由路径起点运动到终点，文字遮罩动画同步运行，如图 4-2-18 所示。

图 4-2-18　引导层动画

(6) 观察时间轴动画效果，微调动画，使引导线动画和遮罩动画同步运行，实现毛笔写出第一个笔画的效果。

(7) 在"引导线"图层，第 70 帧处创建空关键帧，在第 80 帧创建关键帧，沿着文字第二个笔画的轮廓绘制引导线。

(8) 在"笔"图层，第 80 帧处创建关键帧，移动第 80 帧处毛笔的位置，使其笔尖位于引导线路径的起点。

(9) 在第 110 帧创建关键帧，移动第 110 帧处毛笔的位置，使其笔尖位于引导线路径的终点。

(10) 观察时间轴动画效果，微调动画，使引导线动画和遮罩动画同步运行，实现毛笔写字的效果，在第 110 帧处添加停止脚本。时间轴及图层设置如图 4-2-19 所示。

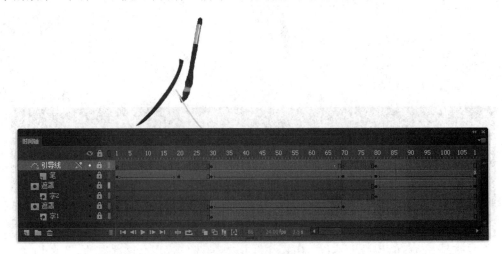

图 4-2-19　时间轴设置

4.3　项　目　实　施

4.3.1　构思与设计

一、确定主题

第 4 篇项目重难点

每一个冬天都会有一首冬日恋歌，这首歌谱单纯、动人，可让所有的心都归于最初。冬天，没有春的盎然、夏的激情、秋的悲伤，它有的只是一片安逸的纯白，一丝宁静的守候，一份平淡的纯真，然而正因为走过了冬季，才会有春的希望、夏的热情、秋的收获。"冬雪霏霏"动画即以冬日恋歌为主题，描绘一幅静谧安逸的雪景图。

二、制订计划表

本项目计划使用课堂 14 学时，其中技能训练 6 学时，动画实施 8 学时，工作计划表如表 4-3-1、表 4-3-2 所示。

表 4-3-1　技能训练工作计划表

序号	工作内容	目的要求、方法和手段	时间安排
1	知识准备	在网络平台上自主学习，小组交流讨论 学习遮罩动画、引导层动画的应用效果和操作方法	课前
2	技能训练 1	独立完成卷轴画打开的动画，同桌互评 理解遮罩的作用，能够熟练制作遮罩层动画，完成卷轴逐渐打开，画面逐渐显示的动画	课中 2 学时 + 课后
3	技能训练 2	使用项目 1 中蝴蝶扇动翅膀的动画创建元件，独立完成蝴蝶飞舞的动画，同桌互评 理解引导线的作用，能够熟练制作引导层动画，完成蝴蝶一边扇动翅膀一边飞向远处的动画	课中 2 学时 + 课后
4	技能训练 3	独立完成毛笔写字的动画，同桌互评 进一步理解遮罩动画和引导层动画的含义和作用，熟练掌握遮罩动画和引导层动画制作技巧，完成毛笔一笔一划写字的动画	课中 2 学时 + 课后
5	强化练习	课后自主进行，小组合作，进一步完善和修改技能训练作品 有能力的同学可以从技能训练库中自主选择本项目的其他案例强化练习	课后

表 4-3-2　动画实施工作计划表

序号	工作内容	目的要求、方法和手段	时间安排
1	构思和设计	1. 搜索资料，欣赏优秀作品，上传和共享资料，小组交流 2. 独立思考，确定主题 3. 确定作品整体风格和基调 4. 撰写剧本：安排动画各个镜头的时间和内容，必要时绘制分镜头脚本 5. 细分元件：思考并细分元件，思考元件之间的嵌套关系 6. 安排时间轴：思考并细分时间轴上的图层和元件	课前
2	制作下雪动画	独立完成，同桌间互助 分别创建元件，制作三种不同运动路径的单个雪花飘落动画，在主场景时间轴上拼合各个元件，分别设置好各个实例的属性，排版布局整个画面	课中 2 学时 + 课后
3	制作扫光字	独立完成，同桌间互助 灵活运用遮罩动画，通过上下图层之间的色彩变化和叠加，营造扫光字的效果	课中 2 学时 + 课后
4	小组交流	小组间相互点评，提出修改建议	课中 2 学时 + 课后
5	任务小结	教师点评，学生独立修改作品	
6	优化作品	小组交流，学生独立优化作品 将遇到的困难和问题在学习平台上提问和讨论	课后
7	答辩和评价	随机抽取 10 名同学进行答辩	课中 2 学时
8	课后拓展	1. 资料归档：整理文字资料、源文件、发布文件等 2. 拓展训练：自主进行，从技能训练库中选择本项目的其他案例强化训练	课后

三、组织架构

"冬雪霏霏"动画需要制作三种不同运动路径的雪花飘落动画。为了营造漫天雪花的效果，每个实例需要设置循环播放的起始帧数，分析需要重复使用的对象、帧数较多的对象、需要整体操作的对象、需要制作动画的对象，得出需要创建的元件及其层级关系，如图 4-3-1 所示。

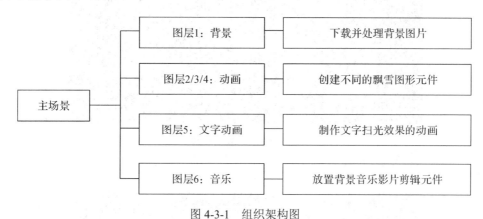

图 4-3-1　组织架构图

4.3.2　制作下雪动画

制作下雪动画的步骤如下：

(1) 新建 Flash 文档，修改场景背景颜色为黑色。

(2) 创建图形元件并命名为"雪花"，绘制雪花。

(3) 创建影片剪辑元件并命名为"雪花 1"，从库中拖动"雪花"图形元件到舞台上，添加引导层，在引导层中绘制一根细小的引导线。在雪花图层，创建第 1 帧到第 60 帧之间的补间动画，使雪花沿着引导线路径的顶端飘落到底端，如图 4-3-2 所示。

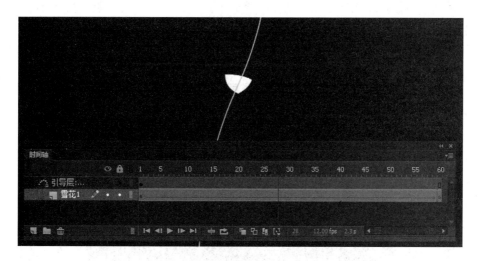

图 4-3-2　雪花动画 1

(4) 在库中，右击"雪花 1"影片剪辑元件，在弹出的快捷菜单中选择"直接复制"命令，复制出的新元件命名为"雪花 2"。修改路径，制作沿第 2 种路径飘落的雪花，如图 4-3-3 所示。

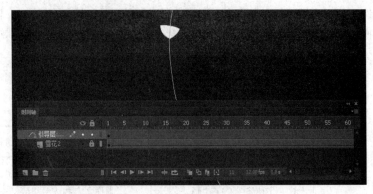

图 4-3-3 雪花动画 2

(5) 同理，再通过直接复制影片剪辑元件得到新的雪花飘落元件，命名为"雪花3"。修改路径，制作第 3 种运动路径的雪花，如图 4-3-4 所示。

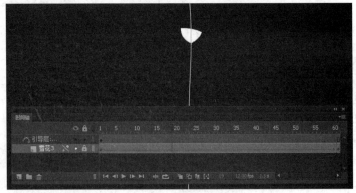

图 4-3-4 雪花动画 3

(6) 回到主场景，将图层 1 重命名为"背景"，导入雪景图片，调整好大小和位置。

(7) 新建图层，分别从库中拖动三种飘落路径的雪花元件到舞台上，错落排放。为了营造雪花从高空中和半空中飘落的效果，部分雪花元件的实例可以放置到舞台之外上方的灰色工作区中，如图 4-3-5 所示。

图 4-3-5 排列雪花元件的众多实例

(8) 新建图层，在第 10 帧创建关键帧，分别从库中拖动三种飘落路径的雪花元件到舞台上，错落排放。

(9) 新建图层，在第 20 帧创建关键帧，分别从库中拖动三种飘落路径的雪花元件到舞台上，错落排放，在该帧输入停止动作，如图 4-3-6 所示。

图 4-3-6　时间轴

4.3.3　制作扫光字

制作扫光字的步骤如下：

(1) 新建图层并命名为"字"，输入文字"雪"，打开属性面板，设置文字为深蓝色，设置好字体、字号等其他属性。打散文字，将其转化为影片剪辑元件，命名"文字动画"。

(2) 进入"文字动画"元件编辑层级，新建图层，复制图层 1 第 1 帧中的文字到图层 2 第 1 帧，设置图层 2 中文字的颜色为白色。

(3) 新建图层，绘制圆形遮罩，大小能够覆盖住文字。创建第 1 帧到第 60 帧之间的传统补间动画，使圆形遮罩从文字左边运动到文字右边。

(4) 右击圆形遮罩图层选择"遮罩层"，观察动画效果，文字由深蓝色变为白色，好像探照灯扫过的效果。时间轴及关键帧设置如图 4-3-7、图 4-3-8 所示。

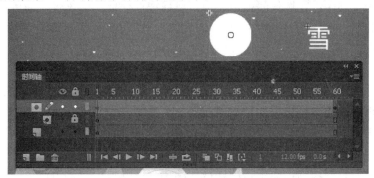

图 4-3-7　扫光字遮罩动画第 1 帧

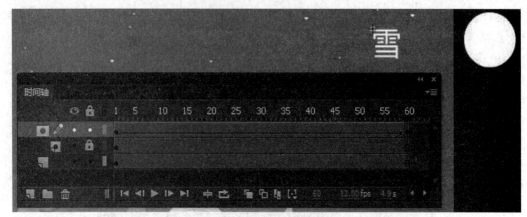

图 4-3-8　　扫光字遮罩动画第 60 帧

4.3.4　项目总结

一、场景的使用

1. 场景的概念

场景一词为影视制作中的术语，将主要对象没有改变的一段动画制作成一个场景，模块化组织和设计动画，便于分工协作和修改，尤其是对于较为复杂的动画一般要采取分场景制作的方法。在 Flash 中，场景就是动画播放的舞台，Flash 允许建立一个或多个场景，以此来扩充更多的舞台范围。如果动画时间很长，时间轴不够长，可以新建一个场景，还可以在场景里设置按钮来跳转到其他场景，这样就会大大方便动画的制作和修改。

2. 场景的操作

打开场景面板，执行"窗口"菜单　"其它面板"下的"场景"命令，或者直接使用快捷键 Shift + F2。

(1) 新建场景：在场景面板中，点击加号按钮，即可添加新的场景，或者使用"插入"菜单下的"场景"命令。

(2) 删除场景：在场景面板中，点击回收站按钮，即可删除场景。

(3) 复制场景：在新建场景按钮的前面，点击直接复制按钮，可以复制场景。

(4) 调整场景顺序：在场景面板中，使用鼠标拖选任何一个场景，即可改变其顺序。

(5) 切换场景：在场景面板中，双击场景名称，即切换到该场景进行操作。

二、优化 Flash 动画

Flash 动画常用于网络传播，如果动画文件较大，浏览者便会在不断等待中失去耐心。优化 Flash 动画可以使文件更小，播放更流畅，主要有以下几种方法：

(1) 多使用元件，重复使用元件并不会使动画文件明显增大，因为动画文件只需储存一次数据。

(2) 尽量使用补间动画，而少使用逐帧动画，关键帧使用得越多，文件就会越大。

(3) 多用矢量图形，少用位图图像。多用构图简单的矢量图形，矢量图形越复杂，CPU

运算起来就越费力。尽量少使用过渡填充颜色，可使用菜单"修改 > 曲线 > 优化"命令，将矢量图形中不必要的线条删除，从而减小文件体积。同时，导入的位图图像文件尽可能小一点，并以 JPEG 方式压缩。

(4) 音效文件最好以 MP3 方式压缩，限制字体和字体样式的数量，尽量不要将字体打散，字体打散后就变成图形了，会使文件体积增大。

三、动画制作过程中的注意问题

动画制作中应注意如下几个问题：

1. 场景处理

场景可以将影片分成一个个独立的影片片断，在正规动漫作品的制作中合理安排好场景同样至关重要，要将内容不相关的片断分成不同的场景，这样使得影片结构清晰，当然，场景也不是越多越好。

场景的处理一般可以遵循以下原则：根据内容块来区分，例如片头、片体和片尾等；根据情节发生地点来分，例如剧情环境分别是室内、剧场和郊外等；根据情节的变化来区分，例如表现两人分别经历、相遇和相知的过程等。同样，每个场景都应当有一个能理解的名字，一般可以根据片断的主要内容取名，例如"场景 1 开篇""场景 2 屋内对话""场景 3 堆雪人"，等等。

2. 图层安排

对于一个相对比较复杂的作品来讲，可能需要相当多的图层，如果不对图层进行合理的管理，那么整个影片的结构将会难以管理和修改。Flash 本身提供了强大的图层管理功能，只要运用得当，整个图层和时间轴结构将比较有条理。

对于图层安排，一般可以遵循以下规律：为每个图层夹和图层取一个有意义的名字；按照结构对图层进行分类，将相关图层放入图层夹；图层的使用应该保证结构简单和结构清晰，不要把不同内容轻易放置到同一图层。

3. 合理使用和管理库

在制作过程中为了让动画元素最大限度的重复利用，应该尽量地把动画元素制作成元件。一个作品中可能会出现非常多的元件(包括三种基本形式的元件)，还有位图、声音、视频以及字体等，同样需要合理的管理才能不至于使整个动画乱成一团。同场景和图层类似，首先同样应该为每个元件取一个好理解的名字。除了命名以外，那么还需要对图库进行分类管理，可通过在库面板中建立文件夹来完成。

对于库的合理使用和管理，一般可以遵循以下原则：根据场景进行分类。也就是将属于不同场景的元件分别放入不同文件夹；根据元件类型进行分类；根据相关性进行分类，由于元件的多层嵌套的问题经常出现，也就是说一个复杂的对象需要由多个元件来构成，这样就可以将构成这个对象的所有元件放入一个文件夹。

4. 命名问题

如果能一开始养成良好习惯，便可以在大型的、正规的制作与开发中节省很多时间和精力。从前面的讲述中，可以清晰地看到场景、图层和元件都对命名有要求。许多初学者乃至许多已经很有设计经验的人员同样会忽视命名，例如经常看到诸如"123""aa""bb"的命名，如果作品比较小还好，如果比较大或者需要多人合作，那么谁又能理解"aa""bb"是什么意思呢？

命名时一般可以遵循以下原则：起一个有意义的名字是最基本要求，也就是名副其实，通过这个名字能大概知道内容，例如一个用于片头播放影片的按钮元件，可以命名为"开始按钮""b_start""anniu"等；命名规律一致性就是在作品中给对象的命名要遵循同样的规律，例如通常有人会在同一个作品中这样命名，把一个开始按钮命名为"kaishianniu"，而有人则命名为"开始按钮"；如果懂英文尽量使用英文命名，其次可以采用拼音，然后再考虑使用全中文命名；在命名前加上表示被命名对象类型的英文字母，例如加上前缀"s"；前缀和内容单词间使用下划线("_")相连接，例如表示室内剧情的场景按照命名规则就可以是"s_room"。

四、Flash 动画常用镜头技巧

将电影的镜头艺术融入 Flash 动漫短片制作中，可以使动画更加出彩，因此在动画制作过程中，也需要了解一些必要的电影摄影技巧以及如何把它们运用到 Flash 动画制作中，借此优化动画的效果。

1. 推拉镜头

推拉镜头可以对画面进行大小的缩放，推镜头可以从全景渐渐切换到特写，以观察画面某个特定的部分。拉镜头则相反，可以从特写渐渐切换为全景，以向观众展示全部的景象。在 Flash 中，要使用推镜头，必须把舞台上的所有元素都以相同的速度放大，要使用拉镜头，则必须缩小影像以显示完整的画面。

2. 摇镜头

使用摇镜头时，可以在场景中从一个方向移到另一个方向，可以是从左到右摇、从右到左摇、从上到下摇、从下到上摇。在舞台中移动场景的元素即可制作摇镜头效果。需要注意的是，为了制造最佳的电影效果，距离镜头越近的物体移动速度越快。

3. 推移镜头

与摄影机调整焦距改变对某个物体的缩放程度不同，推移镜头是把握住摄影机，对某个拍摄的物体来回推移的过程。如果物体不是一个呆板的平面，尽量运用推移镜头而不是推/拉镜头体现，用这个镜头更有三维立体的感觉，能给动画片带来电影艺术的效果。在 Flash 中，要使用推移镜头，必须对某个片段中的所有元素采取不同速度的动画处理，离镜头越近移动速度越快。

4. 升降镜头

升降镜头是在摄影机上拍摄的，当升降机升起或降落时，摄影机集中在某一个物体上，或者在升降机运动的同时摇到场景中的另一块区域。在 Flash 中，要使用升降镜头，需要创建一个扭曲的背景图片以适合镜头的运动，这样通过镜头观察时显得比较自然。

5. 倾斜镜头

倾斜镜头是摄影机被固定在一个地方，为了观察某一边的情况把摄影机倾斜一个角度，

例如对象从一个大厅的一端走到另一端。在 Flash 中，要使用倾斜镜头，需要更极端地绘制背景图像以营造透视效果。

6. 跟踪镜头

跟踪镜头是镜头锁定在某个物体上，当这个物体移动时镜头也跟着移动，该镜头模仿摄像机放置于移动摄影车上然后跟着角色的移动而推动的情景。在 Flash 中，要使用跟踪镜头，需把被锁定的对象放置于舞台的中心不动，制作背景从一端移到另一端即可。

4.4 拓 展 训 练

4.4.1 答辩和评价

一、个人答辩

每一位学生从本项目中选取自己认为制作比较好的至少两个作品(其中冬雪霏霏作品必选)，制作 PPT 演示文档以备答辩。PPT 演示文档包括封面及目录页、作品说明页、尾页。其中作品说明页分别展示各个作品，每个作品展示内容包括主题思想、制作技术、艺术表现、遇到的困难及解决办法、心得体会等。

(1) 现场答辩人数：随机抽取 10 人。

(2) 答辩时间：每个人做 3～5 分钟汇报，并做 3～5 分钟答辩。

二、评价方法

每一位同学借助 PPT 演示文档做说明性汇报之后，进行提问和评价。

(1) 教师提问：教师针对作品构思策划、技术手段、艺术设计等方面进行提问，答辩者回答。

(2) 学生点评和提问：其他学生随机抽取一到两位进行提问，答辩者回答。

(3) 综合评价：教师根据答辩者汇报情况、回答提问情况、学生评价情况等综合给出项目成绩。

三、注意事项

学生在进行答辩时要注意以下几点：

(1) 携带自己的 PPT 演示文档，或者提前一天将 PPT 演示文档上传到 FTP 网盘。

(2) 开场、结束语要简洁。注意开场白、结束语的礼仪。

(3) 坦然镇定，声音要大而准确，使在场的所有人都能听到。

(4) 对提出的问题在短时间内迅速做出反应，以自信而流畅的语言、肯定的语气，不慌不忙地回答问题。

(5) 对提出的疑问要审慎回答，对有把握的疑问要回答或辩解、申明理由；对拿不准的问题，可不进行辩解，而应实事求是地回答，态度要谦虚。

(6) 回答问题要注意以下几点：

① 正确、准确。正面回答问题，不转换论题，更不要答非所问。

② 重点突出。抓住主题、要领，抓住关键词语，言简意赅。

③ 清晰明白。开门见山，直接入题，不绕圈子。

④ 有答有辩。有坚持真理、修正错误的勇气。既敢于阐发自己独到的新观点，维护自己的正确观点，反驳错误观点，又敢于承认自己的不足，修正失误。

⑤ 辩才技巧。讲普通话，用词准确，讲究逻辑，吐词清楚，声音洪亮，抑扬顿挫，助以手势说明问题；力求深刻生动；对答如流，说服力、感染力强，给听众留下良好的印象。

4.4.2 资料归档

项目结束后，将项目相关的作品文件、答辩文件、素材文件、参考资料等分门别类地保存并上传到网盘的个人文件夹中。

一、作品文件

每个作品包括源文件和发布文件两个文件，两个文件名称相同，保存在"项目 4"文件夹下的"作品"子文件夹中。本项目的作品文件编号及名称规范如图 4-4-1 所示。

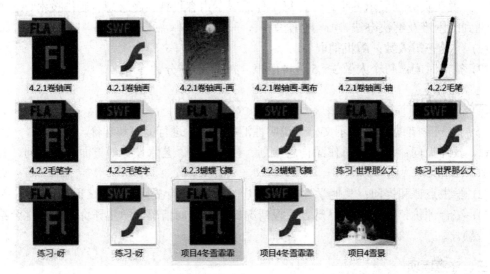

图 4-4-1　作品文件

二、答辩文件

将 PPT 演示文档命名为"项目 4***汇报.ppt"，制作 PPT 过程中搜集和使用到的有用素材根据内容进行命名，保存到"项目 4"文件夹下的"答辩"子文件夹中。

三、素材文件

将使用到的图片、音乐等素材，根据素材内容进行命名，保存到"项目 4"文件夹下的"素材"子文件夹中。

四、参考资料

将构思策划过程中搜集到的各种学习资料，根据资料内容进行命名，保存到"项目 4"文件夹下的"参考资料"子文件夹中。

4.4.3 课后思考

一、拓展练习

以冬季为主题，综合使用绘图工具绘制轮廓，使用颜色工具填充和调整色彩，设计和绘制一幅冬季图像，并综合运用逐帧动画技术、补间动画技术、遮罩动画技术、引导层动画技术制作动画。

二、选择题

1. 遮罩的制作必须要用两层才能完成，下面描述正确的一项是(　　　)。

A. 上面的层称为遮罩层，下面的层称为被遮罩层

B. 上面的层称为被遮罩层，下面的层称为遮罩层

C. 上下层都为遮罩层

D. 以上答案都不对

2. 做带有颜色或透明度变化的遮罩动画应该(　　　)。

A. 改变被遮罩的层上对象的颜色或 Alpha 值

B. 再做一个和遮罩层大小、位置、运动方式一样的层，在其上进行颜色或 Alpha 变化

C. 直接改变遮罩颜色或 Alpha 值

D. 以上答案都不对

3. 下列对创建遮罩层的说法错误的是(　　　)。

A. 将现有的图层直接拖到遮罩层下面

B. 在遮罩层下面的任何地方创建一个新图层

C. 选择"修改">"时间轴">"图层属性"，然后在"图层属性"对话框中选择"被遮罩

D. 以上都不对

4. 在 Flash 中，"遮罩"可以有选择地显示部分区域。具体地说，它是(　　　)。

A. 反遮罩，只有被遮罩的位置才能显示

B. 正遮罩，没有被遮罩的位置才能显示

C. 自由遮罩，可以由用户进行设定正遮罩或反遮罩

D. 可以同时设定正遮罩和反遮罩

5. 在使用蒙版时，下面可以用来遮盖的对象有(　　　)。

A. 填充的形状

B. 文本对象

C. 图形元件

D. 电影剪辑的实例

6. 下面对将舞台上的整个动画移动到其他位置的操作说法错误的是(　　　)。

A. 首先要取消要移动层的锁定同时把不需要移动的层锁定

B. 在移动整个动画到其他位置时，不需要单击时间轴上的编辑多个帧按钮

C. 在移动整个动画到其他位置时，需要使绘图纸标记覆盖所有帧

D. 在移动整个动画到其他位置时，对不需要移动的层可以隐藏

7. 下列说法正确的是(　　　)。

A. 在制作动画时，背景层将位于时间轴的最底层

B. 在制作动画时，背景层将位于时间轴的最高层

C. 在制作动画时，背景层将位于时间轴的中间层

D. 在制作动画时，背景层可以位于任何层

8. 按照动画制作方法和生成原理，Flash 动画主要分为(　　　)。

A. 动作补间动画和形状补间动画

B. 逐帧动画和补间动画

C. 引导层动画和遮罩层动画

D. 可见层动画和不可见层动画

9. 使五角星图形沿着蓝色曲线运动，蓝色曲线应设置在(　　　)。

A. 遮罩层　　　　　　　　　　　B. 普通层

C. 路径层　　　　　　　　　　　D. 引导层

10. 在对象沿着引导线移动时，必须(　　　)。

A. 中心点与引导线的两端点对齐重合

B. 贴在引导线上

C. 关闭引导层的显示

D. 执行添加引导线命令

11. 下列关于引导层说法正确的是(　　　)。

A. 为了在绘画时帮助对齐对象，可以创建引导层

B. 可以将其他层上的对象与在引导层上创建的对象对齐

C. 引导层不出现在发布的 SWF 文件中

D. 引导层是用层名称左侧的辅助线图标表示的

12. 在 Flash 动画中，对于帧率正确的描述是(　　　)。

A. 每小时显示的帧数

B. 每分钟显示的帧数

C. 每秒显示的帧数

D. 以上都不是

13. Flash 影片帧频率最大可以设置到(　　　)。

A. 99 fps　　　　　　　　　　　B. 100 fps

C. 120 fps　　　　　　　　　　　D. 150 fps

14. 可以用来创建独立于时间轴播放的动画片段的元件类型是(　　　)。

A. 图形元件　　　　　　　　　　B. 字体元件

C. 电影剪辑　　　　　　　　　D. 按钮元件

15. 关于 Flash 动画的特点，以下说法正确的是(　　)。

A. Flash 动画受网络资源的制约比较大，利用 Flash 制作的动画是矢量的

B. Flash 动画已经没有崭新的视觉效果，比不上传统的动画轻易与灵巧

C. 具有文件大、传输速度慢、播放采用流式技术的特点

D. 鲜明、有趣的动画效果更能吸引观众的视野

三、问答题

课后思考题及答案

1. 什么是遮罩动画？

2. 简述 Flash 动画的优化方法。

第5篇　四季沐歌

【项目描述】

Flash 网站将音乐、声效、动画以及富有新意的界面融合在一起，以制作出高品质的动态网页效果。"四季沐歌" Flash 网站即以沐浴四季为主题，描绘和感受生命的美好。本项目通过 Flash 软件中的按钮交互功能整合前面四个项目作品，从而完成 Flash 整站制作，内容包括首页、春花弄蝶、夏荷浮翠、秋风瑟瑟、冬雪霏霏五个页面，其中首页为四季沐歌主界面，主要内容包括网站 Logo、标题、导航、版权信息等，其他页面为调用的四个项目动画。

【知识技能点】

交互；按钮元件；动作。

【训练目标】

1. 理解交互的概念。
2. 能够正确创建按钮元件并灵活设置四个关键帧。
3. 理解 Action Script 3.0 基本语法。
4. 理解动作的概念。
5. 能够使用动作面板为按钮和帧添加脚本。
6. 理解行为的概念和使用方法。
7. 理解组件的概念和使用方法。
8. 能够通过各种媒体资源搜索并处理素材。
9. 审美能力得到进一步提升。
10. 能够对训练项目举一反三，灵活运用。
11. 通过小组合作，沟通能力、制订方案和解决问题能力进一步加强。

5.1　知识准备

5.1.1　认识交互

交互动画是指在动画作品播放时支持事件响应和交互功能的动画，也就是说，动画播放时可以接受某种控制，这种控制可以是动画播放者的某种操作，也可以是在动画制作时预先准备的操作，这种交互性提供了观众参与和控制动画播放内容的手段，使观众由被动接受变为主动选择。

　　Flash 软件使用 Action Script 脚本语言给动画添加交互性，在一般的演示型动画中，Flash顺序播放动画中的场景和帧，而在交互动画中，用户可以使用键盘或鼠标与动画交互。例如，可以单击动画中的按钮跳转到不同位置继续播放、可以移动动画中的对象、可以在表单中输入信息，等等。使用 Action Script 脚本语言可以控制 Flash 动画中的对象，创建导航元素和交互元素，扩展 Flash 创作交互动画和网络应用的能力。

5.1.2　按钮元件的使用

一、按钮元件的概念

　　按钮元件实际上是一个只有 4 帧的影片剪辑，但它的时间轴不能播放，只是根据鼠标指针的动作做出简单的响应，并跳转到相应的帧。通过给舞台上的按钮实例添加动作语句可以实现 Flash 影片强大的交互性。

按钮元件

　　按钮元件可以重复使用，并且当需要对重复使用的元素进行修改时，只需编辑元件，而不必对所有该元件的实例一一进行修改，Flash 会根据修改的内容对所有该元件的实例进行更新。

　　按钮元件中可以嵌套图形元件或者影片剪辑元件，但是不能够嵌套另外一个按钮元件。

二、按钮的操作

　　1. 创建按钮元件

　　选择菜单命令或者使用快捷键 Ctrl + F8，打开新建元件对话框，输入名称，选择类型为按钮元件，单击"确定"按钮即可创建一个按钮元件，也可以选中某个图形转换为按钮元件。

　　2. 编辑按钮元件

　　双击按钮元件即进入该元件编辑层级，在按钮元件编辑区的时间轴上，按钮元件只有四个关键帧，但是可以新建多个图层。

　　(1) 弹起：即按钮的初始状态；

　　(2) 指针经过：鼠标经过按钮时，按钮的应有状态；

　　(3) 按下：点击按钮时，按钮的状态；

　　(4) 点击：即区域标示，鼠标只有在这一区域内活动，按钮才能有相应的反应。

三、按钮的属性设置

　　1. 位置和大小

　　可通过输入数值调整按钮元件的位置坐标和大小。

2. 色彩效果

可整体调整按钮元件某个实例的色彩效果，调整方法同图形元件。

3. 显示属性

(1) 可见选项：与 Flash 本身的 visible 属性可以配合使用，在属性面板不勾选"可见"时，在播放时看不到此按钮，但可以在代码中设置其 visible = true 来显示按钮。

(2) 混合选项：与 Photoshop 中的图形混合功能相似，可以有很多效果，根据背景层或下层的内容不同而呈现不同的效果，一般在按钮元件中使用不多。

(3) 呈现：主要用来优化显示效果，使用位图或位图缓存可以改进呈现性能，运行时位图缓存允许指定某个按钮元件在运行时缓存为位图，从而优化回放性能，一般情况下可不进行设置。

4. 滤镜

Flash 中只有三种情况可以加滤镜，一是文字，二是按钮，三是影片剪辑。在滤镜属性下方有添加、预设、剪贴板、启用禁用、重设以及删除等按钮，如需增加滤镜只需点击下方的添加按钮，然后选择一种滤镜进行相关设置即可。

5.1.3　Action Script 3.0 基础

一、基本概念

Flash 的动作脚本(Action Script，简称 AS)代码控制是 Flash 实现交互性的重要组成部分，最新版本 AS 3.0 是一种完全的面向对象的编程语言。该版本功能强大、类库丰富，语法类似 JavaScript，多用于互动性、娱乐性、实用性开发，同时也用于网页制作和 RIA 应用程序的开发。

AS30 基础

在新建 Flash 文档时，究竟是选择 AS 3.0 还是 AS 2.0，主要是根据项目的大小和要求来决定。如果只是简单的交互动画制作或影片的控制、游戏的开发，使用 AS 2.0 就可以了。如果是开发大型的基于互联网的应用程序，则应该选择 AS 3.0。如果在动画中使用"3D 转换工具"和"反向运动工具"，那么在新建文档时就应选择 AS 3.0，或在菜单命令"文件 >发布设置"对话框的"Flash"选项中将 AS 3.0 指定为"脚本"设置。

二、基本语法

AS 3.0 基本语法构成包括：标识符、关键字、数据类型、运算符和分隔符，它们互相配合，共同完成 AS 3.0 语言的语意表达。

1. 标识符

每定义一个变量，这个变量就称之为标识符。在 AS 3.0 中，不能使用关键字和保留字作为标识符，包括变量名、类名、方法名等。

2. 关键字

在 AS 3.0 中，关键字不能在代码中用作标识符。

3. 数据类型

数据是程序的必要组成部分，也是程序处理的对象。数据类型描述一个数据片段，以及可以对其执行的各种操作。数据存储在变量中，在创建变量、对象实例和函数定义时，通过使用数据类型类指定要使用的数据的类型。数据类型是对程序所处理的数据的抽象。在 AS 3.0 中包含两种数据类型：基元数据类型(Primitive datat ype)和复杂数据类型(Complex datat ype)。

4. 常量和变量

在 AS 3.0 中的常量和变量和其他的编程开发语言一样，没什么太大的区别，作用点都是相同的。简单理解就是常量为值不会改变的量，变量则相反。AS 3.0 中常量也可以分为两种：顶级常量和用户自定义常量。

三、常用脚本

1. 指定跳转

(1) 在当前帧停止播放：on(release){stop();};

(2) 从当前帧开始播放：on(release){play();};

(3) 跳到第 10 帧并且从第 10 帧开始播放：on(release){gotoAndPlay(10);};

(4) 跳到第 10 帧并且停止在该帧：on(release){gotoAndStop(10);};

(5) 跳到下一个场景并且继续播放：on(release){nextScene();play();};

(6) 跳到上一个场景并且继续播放：on(release){prevScene();paly();};

(7) 跳转到指定场景并且开始播放：on(release){gotoAndPlay("场景名"，1);};

(8) 跳到第 N 帧开始播放：on(release){gotoAndplay(N);}18.；

(9) 跳到第 N 帧停止：on(release){gotoAndstop(N);}。

2. 设置播放器窗口

(1) 播放器窗口全屏显示：on(release){fscommand("fullscreen"，true);};

(2) 取消播放器窗口的全屏：on(release){fscommand("fullscreen"，false);};

(3) 播放的画面，随播放器窗口大小的改变而改变：on(release){fscommand("allowscale"，true);};

(4) 播放的画面，不论播放器窗口有多大，都保持原尺寸不变：on(release){fscommand("allowscale"，false);}。

3. 声音常用动作脚本

(1) newSound()//创建一个新的声音对象。

(2) mysound.attachSound()//加载库里的声音。

(3) mysound.start()//播放声音。

(4) mysound.getVolume()//读取声音的音量。

(5) mysound.setVolume()//设置音量。

(6) mysound.getPan()//读取声音的平衡值。

(7) mysound.setPan()//设置声音的平衡值。

(8) mysound.position//声音播放的当前位置。

(9) mysound.duration//声音的总长度。

5.1.4　动作面板

一、动作面板

在 Flash 中，动作脚本的编写都是在"动作"面板的编辑环境中进行的，选择菜单"窗口 > 动作"命令或者按下快捷键 F9 可以调出"动作"面板，面板的编辑环境由左右两部分组成，左侧部分又分为上下两个窗口。

AS30 基础

1. 动作工具箱

面板左侧的上方是一个"动作"工具箱，单击前面的图标展开每一个条目，可以显示出对应条目下的动作脚本语句元素，双击选中的语句即可将其添加到编辑窗口。

2. 脚本导航器

面板左侧下方是一个"脚本"导航器，里面列出了 Flash 文件中具有关联动作脚本的帧位置和对象。单击脚本导航器中的某一项目，与该项目相关联的脚本则会出现在"脚本"窗口中，并且场景上的播放头也将移到时间轴上的对应位置上。双击脚本导航器中的某一项，则该脚本会被固定。

3. 脚本编辑窗口

面板右侧部分是"脚本"编辑窗口，这是添加代码的区域，可以直接在"脚本"窗口中编辑动作、输入动作参数或删除动作，也可以双击"动作"工具箱中的某一项或"脚本编辑"窗口上方的"添加脚本"工具 ，向"脚本"窗口添加动作。

在"脚本"编辑窗口的上面，有一排工具图标，用于编辑脚本。在使用"动作"面板的时候，可以随时点击"脚本"编辑窗口左侧的箭头按钮，以隐藏或展开左边的窗口。

二、添加动作

Action Script 语言可以添加到动画中的关键帧、按钮元件和影片剪辑元件中。给关键帧添加动作后，动画播放到该帧时就会自动执行该动作，添加动作后，在关键帧上会显示一个"a"标记。

1. 为按钮元件添加动作

为按钮元件添加动作后，可以通过按钮来控制影片的播放或控制其他元件。这些动作或程序是在特定的按钮事件发生时才会执行，如点击按钮时执行。每个按钮实例都可以有自己的动作，不会互相影响。给按钮元件添加动作的方法是先选择舞台上的按钮元件实例，然后在"动作"面板的标题栏就可以看到"动作—按钮"，在面板左侧的下部还显示了当前所选择的对象，表明当前所添加的脚本语言是赋予按钮元件的。

2. 为影片剪辑元件添加动作

为影片剪辑元件添加动作后，当装载影片剪辑或播放影片剪辑到达某一帧时，分配给该影片剪辑的动作将被执行。

注意：在面板的右上角有一个"脚本助手"按钮，使用"脚本助手"可以快速、简单地编辑动作脚本，适合初学者使用。

5.1.5 行为和组件

一、行为

行为实际上也是 AS 动作，在行为面板中包含了一些使用比较频繁的动作，可以快速地创建交互效果。行为面板下方是显示行为的窗口，它包括两列内容，左边显示的是事件，右边显示的是动作。

1. 添加行为

单击"添加行为"按钮可以弹出一个包括很多行为的下拉菜单，在下拉菜单中可以选择所需要添加的具体行为。

2. 删除行为

单击"删除行为"按钮可以将所选中的行为删除。

3. 上移行为

单击"上移行为"按钮可以将选中的行为向上移动位置。

4. 下移行为

单击"下移行为"按钮可以将选中的行为向下移动位置。

5. 控制影片剪辑实例的行为

在行为面板中，有一类行为是专门用来控制影片剪辑实例的，这类行为种类比较多，利用它们可以实现改变影片剪辑实例叠放层次以及加载、卸载、播放、停止、复制或拖动影片剪辑等功能。在行为面板中，单击"添加行为"按钮，在弹出的下拉菜单中选择影片剪辑项，则会弹出包括这些行为的菜单。

二、组件

组件是具有已定义参数的复杂的影片剪辑，这些参数在影片制作期间进行设置，并且组件带有一组唯一的动作程序方法，可以用于在运行时设置参数和其他选项，就好像是 Photoshop 软件中的外挂滤镜一样，能够给 Flash 带来更多的拓展功能。组件包括 AS 3.0 组件和 AS 2.0 组件，不同版本的组件不能够兼容。

组件可以将应用程序的设计过程和编程过程分开，通过使用组件，开发人员可以创建设计人员在应用程序中能够用到的功能。开发人员可以将常用功能封装到组件中，设计人员可以通过更改组件的参数来自定义组件的外观。

5.2　技 能 训 练

技能训练制作换发型

5.2.1　制作换发型动画

一、制作按钮素材图片

制作按钮素材图片的步骤如下：

(1) 下载魔法棒图片，打开 Photoshop 软件，删除背景颜色，保存为背景透明的 PNG 格式文件，命名为"魔法棒 1"，如图 5-2-1 所示。

(2) 在 Photoshop 软件中，使用画笔工具、图层样式等为魔法棒添加发光效果，保存成背景透明的 PNG 格式文件，命名为"魔法棒 2"，如图 5-2-2 所示。

图 5-2-1　制作魔法棒 1　　　　　　　图 5-2-2　制作魔法棒 2

二、制作发型素材图片

制作发型素材图片的步骤如下：

(1) 使用 Photoshop 软件打开发型原始图片，如图 5-2-3 所示。

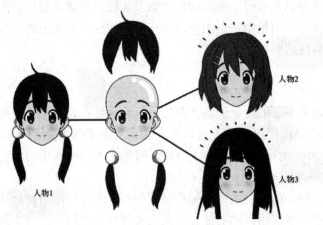

图 5-2-3　发型原始图片

(2) 分别选取脸部图像和三个发型图像，剪切到新的图层中，每个图像单独处于一个图层中，背景层填充白色，如图 5-2-4 所示。

图 5-2-4 　 图层设置

(3) 保存为 PSD 格式的图片，命名为"发型素材.psd"。

三、制作交互动画

制作交互动画的步骤如下：

(1) 新建 Flash 文档，将图层 1 重命名为"背景"，导入背景图片。

(2) 新建图层，导入制作好的"发型素材.psd"图像文件，如图 5-2-5 所示。

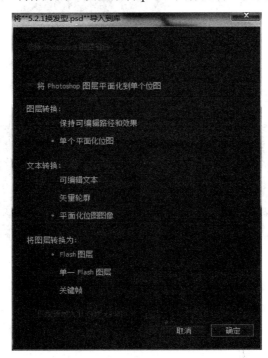

图 5-2-5 　 导入 PSD 图片

　　(3) Flash 会自动将 PSD 文件中每个图层的图像分别分配到时间轴上的每一个图层上，如图 5-2-6 所示。

图 5-2-6　时间轴分层图像

　　(4) 删除原 PSD 图像文件中白色背景所在的"背景"图层，将图层 1 重命名为"脸"。

　　(5) 将图层 2 重命名为"发型"，将图层 3 和图层 4 中的图像，分别复制到"发型"图层中的第 2 帧和第 3 帧，如图 5-2-7 所示。

图 5-2-7　"发型"图层

　　(6) 新建图层并命名为"标题"，输入标题文字"换发型"。

　　(7) 新建图层并命名为"按钮"，导入制作好的"魔法棒 1"图片，调整好大小和位置，将魔法棒转化为元件，名称为"按钮"，类型为"按钮元件"。双击魔法棒进入该按钮元件编辑层级，如图 5-2-8 所示。

图 5-2-8 按钮元件第 1 帧

(8) 在"指针"下方创建空关键帧，导入制作好的"魔法棒 2"图片，使用信息面板调整好两个魔法棒的大小和位置，使二者一致，如图 5-2-9 所示。

图 5-2-9 按钮元件第 2 帧

(9) 复制"弹起"下方的帧，在"按下"下方粘贴帧。

(10) 复制"弹起"下方的帧，在"点击"下方粘贴帧，同时在"点击"下方的帧中绘制矩形使之完全覆盖住魔法棒，如图 5-2-10 所示。

图 5-2-10 按钮元件第 4 帧

(11) 回到主场景，在"按钮"图层第 1 帧上右击，在弹出的快捷菜单中选择"动作"，输入动作，使每次点击魔法棒按钮时即会跳转到下一帧播放，动作脚本如下：

```
    stop();
    btn.addEventListener(MouseEvent.CLICK, btHd);
    function btHd(e:MouseEvent){
        this.nextFrame();
    }
```

(12) 新建图层并命名为"按钮提示文字"，输入提示性文字"请点击魔法棒"。

(13) 发布动画观察效果。时间轴安排如图 5-2-11 所示。

图 5-2-11　时间轴

5.2.2　制作全屏和退出

一、制作小树生长动画

制作小树生长动画的步骤如下：

(1) 新建 Flash 文档。

(2) 新建影片剪辑元件并命名为"小树"，用于分图层制作小树生长动画。分图层使用遮罩动画技术制作树干和各个树叶生长的动画，如图 5-2-12～图 5-2-14 所示。

技能训练全屏
和退出

图 5-2-12　树叶生长遮罩动画(一)

图 5-2-13　树叶生长遮罩动画(二)

图 5-2-14　树叶生长遮罩动画(三)

(3) 回到主场景,将图层 1 重命名为"小树",从库中拖动"小树"影片剪辑元件到舞台上,调整好大小和位置。

二、制作按钮和创建脚本

接下来进行按钮的制作与脚本的创建。

(1) 在主场景,新建图层并命名为"按钮",使用文本工具输入文字"退出"。选中文字,将文字转换为元件,名称为"退出",类型为"按钮元件",双击进入元件编辑层级。

(2) 在图层 1 的第 3 帧、第 4 帧分别创建关键帧，在图层 1 的第 2 帧创建空关键帧，在图层 1 的第 4 帧中绘制矩形使其完全覆盖文字。

(3) 新建图层 2，分别在第 2 帧和第 3 帧创建关键帧，打开"素材-小鸭.fla"文件，复制小鸭动画到新文件按钮元件图层 2 的第 2 帧中，关闭"素材-小鸭.fla"文件。按钮层级时间轴如图 5-2-15 所示。

图 5-2-15　按钮时间轴

(4) 回到主场景，发布动画，将鼠标指针指向退出按钮，观察动画效果，当指针指向按钮时，文字消失，出现小鸭向右走出场景的动画。

(5) 选中退出按钮，打开属性面板，为按钮实例输入名称为"btn"，如图 5-2-16 所示。

图 5-2-16　命名实例

(6) 在第 1 帧右击选择"动作"，即打开动作面板，输入动作脚本，使动画全屏显示，脚本代码如下：

```
stage.displayState = StageDisplayState.FULL_SCREEN;//全屏显示
```

注意： 全屏脚本包括各种形式的参数，将全屏代码写在 Flash 文档的第一帧上即可实现全屏效果，参数选择以下其中之一即可。

```
stage.scaleMode = StageScaleMode.SHOW_ALL;//显示所有，不保证比例。
stage.scaleMode = StageScaleMode.EXACT_FIT;//锁定比例显示。
stage.scaleMode = StageScaleMode.NO_BORDER;//填满显示区域并保证比例。
stage.scaleMode = StageScaleMode.NO_SCALE;//原始大小。
```

(7) 继续输入动作脚本，使点击"退出"按钮时退出动画，脚本代码如下：

```
btn.addEventListener(MouseEvent.CLICK, exitpr);
function exitpr(e:MouseEvent):void
{
    fscommand("quit")
}
```

注意：btn 为退出按钮实例名称。

(8) 时间轴如图 5-2-17 所示。

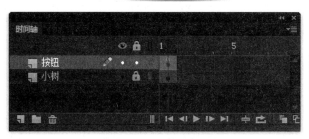

图 5-2-17　时间轴

(9) 发布动画，效果如图 5-2-18 所示。

图 5-2-18　动画效果

5.3　项 目 实 施

5.3.1　构思与设计

一、确定主题

春之温暖，夏之火烈，秋之静美，冬之晶莹！时光的轮子飞快地转着，带走了春的风、夏的花、秋的落叶和冬的飞雪，而我也在慢慢地长大……"四季沐歌"Flash 网站即以沐浴四季为主题，描绘和感受生命的美好。

第 5 篇项目重难点

二、制订计划表

本项目计划使用课堂 12 学时，其中技能训练 4 学时，动画制作及网站整合 8 学时，工作计划表如表 5-3-1、5-3-2 所示。

表 5-3-1　技能训练工作计划表

序号	工作内容	目的要求、方法和手段	时间安排
1	知识准备	在网络平台上自主学习，小组交流讨论 学习 Action Script 3.0 基础知识、按钮的基本操作、动作和行为的基本概念	课前
2	技能训练 1	独立完成交互类型的小游戏，同桌互评 理解按钮的作用，能够熟练编辑按钮元件的四个关键帧，通过为按钮添加动作脚本实现交互	课中 2 学时 + 课后
3	技能训练 2	独立完成网站引导页的加载动画，同桌互评 理解 Action Script 3.0 的基本语法，通过添加脚本实现网站动画的加载标识功能	课中 2 学时 + 课后
5	强化练习	课后自主进行，小组合作，进一步完善和修改技能训练作品 有能力的同学可以从技能训练库中自主选择本项目的其他案例强化练习	课后

表 5-3-2　动画实施工作计划表

序号	工作内容	目的要求、方法和手段	时间安排
1	构思和设计	1. 搜索资料，欣赏优秀作品，上传和共享资料，小组交流 2. 独立思考，确定主题 3. 确定作品整体风格和基调 4. 交互设计：设计交互方式及动画效果 5. 安排时间轴：思考并细分时间轴上的图层和元件	课前
2	制作首页效果图	独立完成，同桌间互助 使用 Photoshop 软件，分图层制作网站首页效果图，界面简洁美观，导航清晰	课中 2 学时 + 课后
3	制作导航动画	独立完成，同桌间互助 运用按钮元件制作动画导航	课中 3 学时 + 课后
4	整合网站	独立完成，同桌间互助 为按钮元件添加交互，完成各个页面的链接	
5	小组交流	小组间相互点评，提出修改建议	课中 1 学时 + 课后
6	任务小结	教师点评，学生独立修改作品	
6	优化作品	小组交流，学生独立优化作品 将遇到的困难和问题在学习平台上提问和讨论	课后
7	答辩和评价	随机抽取 10 名同学进行答辩	课中 2 学时
8	课后拓展	1. 资料归档：整理文字资料、源文件、发布文件等 2. 拓展训练：自主进行，从技能训练库中选择本项目的其他案例强化训练	课后

三、组织架构

"四季沐歌"网站需要制作按钮用于交互，同时需要为按钮添加动画效果，分析需要重复使用的对象、帧数较多的对象、需要整体操作的对象、需要制作动画的对象，得出需要创建的元件及其层级关系，如图 5-3-1 所示。

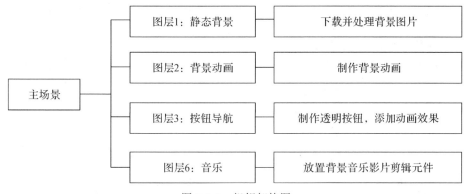

图 5-3-1　组织架构图

5.3.2　设计首页效果图

一、设计首页背景

设计首页背景的步骤如下：

(1) 打开 Photoshop，按下快捷键 Ctrl + N，打开新建文件对话框，命名为"首页效果图"，"宽度"为 1000 px，"高度"为 700 px，"分辨率"为 72，"颜色模式"为 RGB，"背景内容"为白色，单击"确定"按钮即创建了一个 Photoshop 文档，如图 5-3-2 所示。

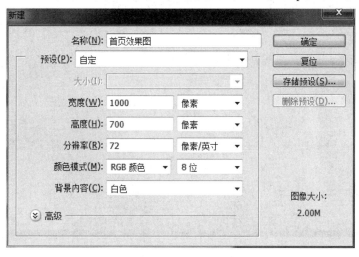

图 5-3-2　新建文件

(2) 打开资源管理器，找到"四季背景 1"图片，按住鼠标左键拖动图片到新建的 Photoshop 文档中，此时鼠标光标右下角出现加号标志，松开鼠标即将背景图片复制到了

Photoshop 文档中，按下回车键确定操作，如图 5-3-3 所示。

图 5-3-3　导入背景图片

（3）按下快捷键 F7 打开图层面板，右击"四季背景 1"图层，选择"栅格化图层"命令，按住 Ctrl + Shift 键的同时向下移动背景图片，如图 5-3-4 所示。

图 5-3-4　移动背景图片

（4）按下快捷键 M 切换到矩形选框工具，选中背景图片树梢上方的图像，按下快捷键 Ctrl + T 切换到任意变形工具，将背景图片向上拉长使其填满白色背景，按下回车键确定操作，如图 5-3-5 所示。

图 5-3-5 变形背景图片

(5) 新建图层并命名为"白", 使用矩形工具沿树梢上方绘制选区, 填充白色, 按下键盘上的数字"5", 将白色块的图层透明度改为 50%, 白色即为半透明, 如图 5-3-6 所示。

图 5-3-6 设置半透明

(6) 新建图层并命名为"白横条", 使用矩形工具绘制选区, 填充白色, 修改图层透明度为 50%, 如图 5-3-7 所示。

图 5-3-7 制作白色横条

二、设计按钮小图

设计按钮小图的步骤如下：

(1) 打开资源管理器，找到"四季 5"图片，按住鼠标左键拖动图片到 Photoshop 文档中，按下回车键，将图层重命名为"四季小图"，右击，栅格化图层，使用任意变形工具调整好图片大小，如图 5-3-8 所示。

图 5-3-8　导入小图

(2) 综合使用矩形选框工具、魔术棒工具、多边形套索工具等选中"四季小图"的白色背景和图片下方的水印，按下 Delete 键删除，调整好四棵小树的位置，在制作动画时分别用来做导航按钮，如图 5-3-9 所示。

图 5-3-9　删除小图背景

(3) 新建图层并命名为"四季小图白底"，拖动到"四季小图"图层下方，绘制四个矩形选区，填充白色，设置图层透明度为 50%，如图 5-3-10 所示。

图 5-3-10　制作小图白底

（4）打开资源管理器，找到"艺术字 2"图片，按住鼠标左键拖动图片到 Photoshop 文档中，按下回车键，将图层重命名为"四季艺术字"，右击，栅格化图层，使用任意变形工具调整好图片大小，如图 5-3-11 所示。

图 5-3-11　导入艺术字

（5）使用矩形选区工具选中图片右侧水印，使用魔术棒工具选中白底，按下 Delete 键删除，调整好四个艺术字的位置和大小，如图 5-3-12 所示。

图 5-3-12　排版艺术字

三、设计标题

设计标题的步骤如下：

(1) 使用文本工具输入文字"四季沐歌"，设置好字体、字号、颜色和位置。在图层面板，为文字添加"描边"和"投影"两种图层样式，如图 5-3-13 所示。

图 5-3-13　制作标题文字

(2) 新建图层并命名为"标题装饰"，选择自定义形状工具，属性为"像素"，绘制图案添加标题装饰，如图 5-3-14 所示。

图 5-3-14　添加标题装饰

（3）使用文本工具，输入两行文字，设置好字体、字号、大小，置于图片右上角，如图 5-3-15 所示。

图 5-3-15　排版文字

四、设计首页内容

接下来设计首页的内容。

（1）使用文本工具输入英文"Seasons"，在图层面板，为文字添加"描边"和"投影"两种图层样式，如图 5-3-16 所示。

图 5-3-16 设置文字图层样式

(2) 拖动"Seasons"到图层面板的新建按钮上，即可得到一个复制图层，删除文字的图层样式，修改文字颜色为白色。使用任意变形工具，垂直翻转文字，移动文字到上面文字的下方。单击图层面板下方的"添加蒙版"按钮，填充白到黑的渐变色，文字逐渐变为透明，形成倒影效果，如图 5-3-17 所示。

图 5-3-17 制作文字倒影

(3) 选中下一图层的"Seasons"，打开资源管理器，找到"四季树"图片，按住鼠标左键拖动图片到 Photoshop 文档中，按下回车键，右击，栅格化图层，使用任意变形工具调整好图片大小，如图 5-3-18 所示。

图 5-3-18 导入图片

（4）按下快捷键 Ctrl + Alt + G，即可创建剪切蒙版，上面图层所显示的形状或虚实就要受下面图层的控制。下面图层的形状是什么样的，上面图层就显示什么形状，或者是下面图层的形状部分显示出来。但画面内容还是上面图层的，只是形状受下面图层控制。移动"四季树"图层观察图像显示效果，调整好显示内容，如图 5-3-19 所示。

图 5-3-19　创建剪切蒙版

（5）首页效果图如图 5-3-20 所示。

图 5-3-20　完成效果图

（6）保存 PSD 源文件，另存为 JPG 格式的图片文件。

5.3.3　制作导航按钮

制作导航按钮的步骤如下：

（1）新建文件夹，命名为"四季沐歌"，新建 Flash 文档，大小为 1000 px × 700 px，将 Flash 文档保存在"四季沐歌"文件夹中，命名为"首页.fla"。

（2）将图层 1 重命名为"背景"，导入制作好的背景图片，使背景图片完全覆盖舞台。

（3）新建图层并命名为"透明按钮"，沿四季中的某一个小图绘制矩形，如图 5-3-21 所示。

图 5-3-21　绘制矩形

(4) 将矩形转换为元件，名称为"透明按钮"，类型为"按钮"，双击矩形进入按钮编辑层级，将第 1 帧拖动到第 4 帧，如图 5-3-22 所示。

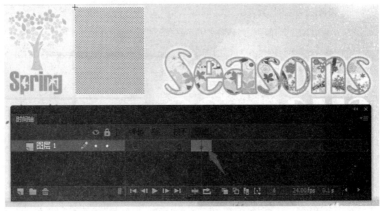

图 5-3-22　第 4 帧

(5) 分别在"指针"和"按下"下面对应的方格创建空关键帧，如图 5-3-23 所示。

图 5-3-23　创建空关键帧

(6) 选中"指针"下面的关键帧，打开"素材-蜜蜂.fla"文件，选中舞台上的蜜蜂影片剪辑元件，将蜜蜂复制到"指针"关键帧中，调整好蜜蜂的大小和位置，如图 5-3-24 所示。

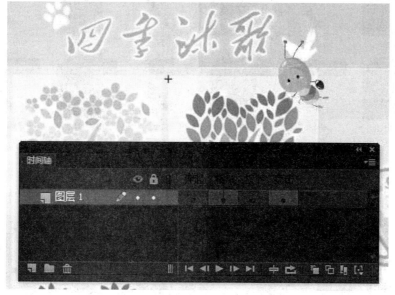

图 5-3-24　调整蜜蜂大小和位置

(7) 回到主场景，复制透明按钮到其他四季的小图上面，如图 5-3-25 所示。

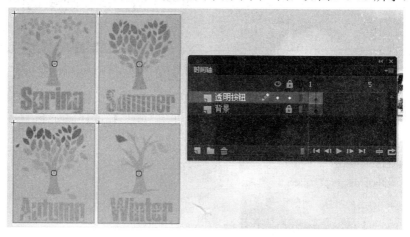

图 5-3-25　复制透明按钮

(8) 发布动画，将鼠标指针分别指向四季的四个小图，观察透明按钮效果，鼠标指针变为手形，同时右上角出现蜜蜂飞舞的动画。

5.3.4　整合网站

最后将所设计网站进行整合。

(1) 将春夏秋冬四个项目作品的源文件和发布文件全部复制到"四季沐歌"文件夹中，与"首页.fla"文件位于同一个目录。分别修改四个动画的名字，并将动画大小修改为 550 px × 400 px，如图 5-3-26 所示。

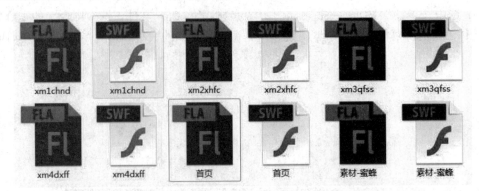

图 5-3-26　动画文件目录

(2) 分别选中四季的四个小图上的透明按钮，打开属性面板，分别为按钮元件的各个实例命名为 bnt1、bnt2、bnt3、bnt4，如图 5-3-27 所示。

图 5-3-27　命名实例

(3) 新建图层并命名为"动作"，在第 1 帧上右击，在弹出的快捷菜单中选择"动作"，输入动作，使每次单击按钮时，右侧显示相应的动画。动作脚本代码如下：

```
import flash.events.Event;
import flash.net.URLRequest;
import flash.display.Loader;
var toal:int = 4;//共几个按钮
var temp:int = 0;//当前正在显示第几个，默认显示首页(0)
for (var i:int = 1; i <= toal; i++)
{
    //使用 for 循环为每个按钮增加点击事件
    this["btn" + i].addEventListener(MouseEvent.CLICK, clickF);
}
function clickF(e:Event)
{
    temp = int(e.currentTarget.name.substr(3));
    trace("点击了第："+temp+" 个按钮");
    which(temp);
```

```
}
var urlR:URLRequest;
var urlL:Loader = new Loader();
function which(who:int)
{
    switch (who)
    {
    case 1 :
        urlR = new URLRequest("xm1chnd.swf");
        btn1.mouseEnabled = false;
        btn2.mouseEnabled = true;
        btn3.mouseEnabled = true;
        btn4.mouseEnabled = true;
        urlL.x = 420;
        urlL.y = 130;
        //设置它的位置
        //urlL.x = xxxxx
        //urlL.y = xxxxx
        break;
    case 2 :
        urlR = new URLRequest("xm2xhfc.swf");
        btn2.mouseEnabled = false;
        btn1.mouseEnabled = true;
        btn3.mouseEnabled = true;
        btn4.mouseEnabled = true;
        urlL.x = 420;
        urlL.y = 130;
        //设置它的位置
        //urlL.x = xxxxx
        //urlL.y = xxxxx
        break;
    case 3 :
        urlR = new URLRequest("xm3qfss.swf");
        btn3.mouseEnabled = false;
        btn1.mouseEnabled = true;
        btn2.mouseEnabled = true;
        btn4.mouseEnabled = true;
        urlL.x = 420;
        urlL.y = 130;
```

```
        //设置它的位置
        //urlL.x = xxxxx
        //urlL.y = xxxxx
        break;
    case 4 :
        urlR = new URLRequest("xm4dxff.swf");
        btn4.mouseEnabled = false;
        btn1.mouseEnabled = true;
        btn2.mouseEnabled = true;
        btn3.mouseEnabled = true;
        urlL.x = 420;
        urlL.y = 130;
        //设置它的位置
        //urlL.x = xxxxx
        //urlL.y = xxxxx
        break;
    }
    urlL.load(urlR);
    addChild(urlL);
}
```

(4) 发布网站，预览效果。时间轴安排如图 5-3-28 所示。

图 5-3-28　时间轴

5.3.5　项目总结

一、制作动画按钮效果

按钮元件虽然只有四个关键帧，但是按钮元件中可以新建图层，关键帧中可以放置元件，元件中又可以嵌套元件，由此可以制作出绚丽多彩的按钮效果。我们在网上看到的很多网站，按钮大都是使用 Flash 制作的，例如当鼠标移动到按钮上时，文字变黄色，同时白色蝴蝶飞出，周围闪烁小星星。按钮元件关键帧设置如下：

(1) "弹起"关键帧：放置白色文字。

(2) "指针"关键帧：放置黄色文字。

(3) "按下"关键帧：放置白色文字。

(4) "点击"关键帧：放置矩形，大小以能够覆盖住文字为准。

在按钮元件中新建图层并命名为"动画"，"弹起""按下""点击"关键帧处均为空白关键帧，"指针"关键帧处放置影片剪辑元件，元件内容为蝴蝶和星星动画，为了实现蝴蝶不断扇动翅膀，星星层出不穷的效果，可以将蝴蝶动画和星星动画分别制作成元件。

二、隐形按钮的制作

隐形按钮是按钮功能的引申，一些超乎想象的效果就是通过隐形按钮来完成的。隐形按钮实际上是一个透明的按钮，透明按钮可以反复使用，随意修改大小覆盖在任何位置，方便且实用。隐形按钮元件关键帧设置如下：

(1) "弹起"关键帧：空白。

(2) "指针"关键帧：空白。

(3) "按下"关键帧：空白。

(4) "点击"关键帧：放置矩形。

5.4　拓　展　训　练

5.4.1　答辩和评价

一、个人答辩

每位同学根据个人完成的 Flash 整站制作 PPT 演示文档以备答辩。PPT 演示文档包括封面及目录页、作品说明页、尾页。其中作品说明页展示各个作品，包括主题思想、制作技术、艺术表现、遇到的困难及解决办法、心得体会等。

(1) 现场答辩人数：随机抽取 10 人。

(2) 答辩时间：每个人做 3~5 分钟汇报，并做 3~5 分钟答辩。

二、评价方法

每一位同学借助 PPT 演示文档做说明性汇报之后，进行提问和评价。

(1) 教师提问：教师针对作品构思策划、技术手段、艺术设计等方面进行提问，答辩者回答。

(2) 学生点评和提问：其他学生随机抽取一到两位进行提问，答辩者回答。

(3) 综合评价：教师根据答辩者汇报情况、回答提问情况、学生评价情况等综合给出项目成绩。

三、注意事项

学生在进行答辩时应注意如下几点：

（1）携带自己的 PPT 演示文档，或者提前一天将 PPT 演示文档上传到 FTP 网盘。

（2）开场、结束语要简洁。注意开场白、结束语的礼仪。

（3）坦然镇定，声音要大而准确，使在场的所有人都能听到。

（4）对提出的问题在短时间内迅速做出反应，以自信而流畅的语言，肯定的语气，不慌不忙地回答问题。

（5）对提出的疑问要审慎回答，对有把握的疑问要回答或辩解、申明理由；对拿不准的问题，可不进行辩解，而应实事求是地回答，态度要谦虚。

（6）回答问题要注意以下几点：

① 正确、准确。正面回答问题，不转换论题，更不要答非所问。

② 重点突出。抓住主题、要领，抓住关键词语，言简意赅。

③ 清晰明白。开门见山，直接入题，不绕圈子。

④ 有答有辩。有坚持真理、修正错误的勇气。既敢于阐发自己独到的新观点，维护自己的正确观点，反驳错误观点，又敢于承认自己的不足，修正失误。

⑤ 辩才技巧。讲普通话，用词准确，讲究逻辑，吐词清楚，声音洪亮，抑扬顿挫，助以手势说明问题；力求深刻生动；对答如流，说服力、感染力强，给听众留下良好的印象。

5.4.2　资料归档

项目结束后，将项目相关的作品文件、答辩文件、素材文件、参考资料等分门别类地保存并上传到网盘的个人文件夹中。

一、作品文件

每个动画作品包括源文件和发布文件两个文件，保存在"项目 5"文件夹下的"作品"子文件夹中。由于本项目使用到的素材较多，每个项目再单独建立文件夹。本项目"作品"文件夹下的文件编号及名称规范如图 5-4-1 所示，"项目 5.2.1 换发型"文件夹下的文件编号及名称规范如图 5-4-2 所示，"首页素材图"文件夹下的文件编号及名称规范如图 5-4-3 所示，"四季沐歌"文件夹下的文件编号及名称规范如图 5-4-4 所示。

5.2.1换发型　　5.2.2加载动画　　首页素材图　　四季沐歌

图 5-4-1　"作品"文件夹

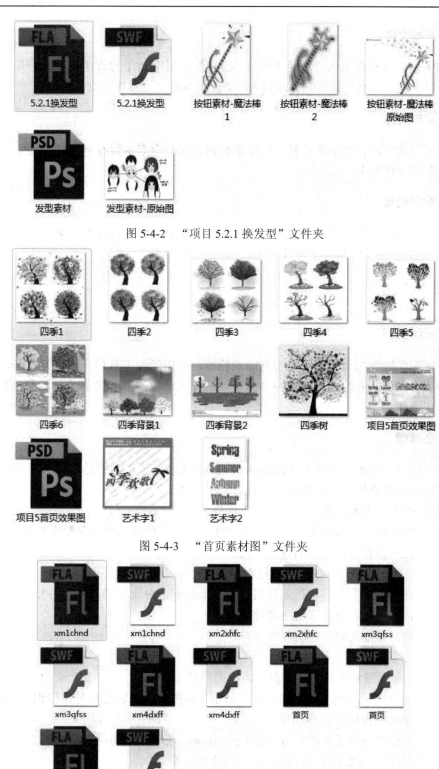

图 5-4-2　"项目 5.2.1 换发型"文件夹

图 5-4-3　"首页素材图"文件夹

图 5-4-4　"四季沐歌"文件夹

二、答辩文件

将 PPT 演示文档命名为"项目 5***汇报.ppt",制作 PPT 过程中搜集和使用到的有用素材根据内容进行命名,保存到"项目 5"文件夹下的"答辩"子文件夹中。

三、素材文件

将使用到的图片、音乐等素材,根据素材内容进行命名,保存到"项目 5"文件夹下的"素材"子文件夹中。

四、参考资料

将构思策划过程中,搜集到的各种学习资料,根据资料内容进行命名,保存到"项目 5"文件夹下的"参考资料"子文件夹中。

5.4.3　课后思考

一、拓展练习

以四季为主题,综合使用绘图工具绘制轮廓,使用颜色工具填充和调整色彩,设计和绘制一幅四季图像,并综合运用逐帧动画技术、补间动画技术、遮罩动画技术、引导层动画技术制作动画。

二、选择题

1. 下列关于 Flash 动作脚本(Action Script)的有关叙述不正确的是(　　)。
A. Flash 中的动作只有两种类型:帧动作和对象动作
B. 帧动作不能实现交互
C. 帧动作面板和对象面板均由动作列表区、脚本程序区、命令参数区构成
D. 帧动作可以设置在动画的任意一帧上
2. 将声音加入按钮元件的操作方法是(　　)。
A. 先把声音放入库中,再进入按钮元件编辑状态,分别将音乐拖入各帧中
B. 直接将声音拖入到按钮所在影片编辑层
C. 直接将声音拖入到按钮所在帧
D. 以上都不正确
3. 以下关于按钮元件时间轴的叙述,正确的是(　　)。
A. 按钮元件的时间轴与主电影的时间轴是一样的,而且它会通过跳转到不同的帧来响应鼠标指针的移动和动作
B. 按钮元件中包含了 4 帧,分别是 Up、Down、Over 和 Hit 帧
C. 按钮元件时间轴上的帧可以被赋予帧动作脚本
D. 按钮元件的时间轴里只能包含 4 帧的内容
4. 有一个花盆形状的按钮,如果需要当把鼠标放在这个按钮上没有点击时,花盆会有

一朵花生长，应该怎样设置这个按钮(　　)。

  A. 制作一朵花生长的电影剪辑，在编辑按钮时创建一个新层，并在第一个状态所在帧创建空关键帧，把电影剪辑放置在这个关键帧上并延迟到第四个状态

  B. 制作一朵花生长的电影剪辑，在编辑按钮时创建一个新层，并在第二个状态所在帧创建空关键帧，把影剪辑放置在这个关键帧上

  C. 制作一朵花生长的电影剪辑，在编辑按钮时创建一个新层，并在第三个状态所在帧创建空关键帧，把影剪辑放置在这个关键帧上

  D. 制作一朵花生长的电影剪辑，再创建一个按钮，都放置在场景中，使用 Action 来控制电影剪辑

  5. 给按钮元件的不同状态附加声音，要在单击时发出声音，则应该在(　　)帧下创建一个关键帧。

  A. 弹起　　　　　　B. 指针经过　　　　　　C. 按下　　　　　　D. 点击

  6. 时间轴控制函数主要用来控制帧和场景的播放、停止和跳转等，这类函数主要包括(　　)。

  A. play()　　　　　　　　　　B. stop()

  C. gotoAndStop　　　　　　　　D. gotoAndPlay

  7. 下面的代码中，控制当前影片剪辑元件跳转到"S1"帧标签处开始播放的代码是(　　)。

  A. gotoAndPlay("S1");

  B. this.GotoAndPlay("S1");

  C. this.gotoAndPlay("S1");

  D. this.gotoAndPlay("S1");

  8. 下列关于时间轴中帧的影格的标记说法不正确的是(　　)。

  A. 所有的关键帧都用一个小圆圈表示

  B. 有内容的关键帧为实心圆圈，没有内容的关键帧为空心圆圈

  C. 普通帧在时间轴上用方块表示

  D. 加动作语句的关键帧会在上方显示一个小红旗

  9. 在时间轴中，标记图符代表着不同的意义，下列说法正确的是(　　)。

  A. 虚线代表在创建补间动画中出了问题

  B. 当一个小红旗出现在帧上方时，表示此帧为关键帧

  C. 实绩表示补间动画创建成功

  D. 当一个小写字母"a"出现在帧上时，表示此帧已被指定了某个动作

  10. Flash 源文件和影片文件的扩展名分别为(　　)。

  A. *.FLA、*.FLV　　　　　　　　B. *.FLA、*.SWF

  C. *.FLV、*.SWF　　　　　　　　D. *.DOC、*.GIF

三、填空题

  1. 动作脚本可以添加在_____上，也可以添加在_____上。

  2. Flash 属性面板中显示的对象 XY 坐标是此对象的_____位置的标尺坐标。

3. 控制动画停止播放的 Action Script 命令是_____，括号中不需要使用任何参数；控制动画播放的 Action Script 命令是_____。

4. 控制动画跳转到某帧并播放的 Action Script 命令是_____ (目的帧)；跳转到某帧并停止播放的 Action Script 命令是_____(目的帧)。

5. 在下面的一段按钮代码中，"release"被称为_____，当用户释放按钮时，大括号中的语句就会被执行。

On(release){Play();}

6. 按钮元件的四个帧分别是：_____，_____，_____和_____。

四、问答题

1. Flash 中的鼠标事件有哪几种？

2. 简述 Flash 中常用的时间轴控制命令。

课后思考题及答案

实训指导书 Flash 整站.doc

实训指导书动漫短片.doc

学生实训报告.doc

附　　录

附录 1　项目考核教师评价表

班级：　　　　　　学年第　学期　　　　　教师：

项目名称：

学号	姓名	项目作品 (专业知识和技能满分 100 分，权重 0.7)					合计 (总分/实得分)	方法能力 (满分 15)	社会能力 (满分 15)	项目成绩
		操作规范	素材处理	动画作品	作品创意	作品数量				

注：

综合成绩满分 100 分。其中：

项目作品满分 100 分，权重为 0.7。

方法能力满分 100 分，权重为 0.15，请直接输入最终得分。

方法能力满分 100 分，权重为 0.15，请直接输入最终得分。

附录 2　项目考核小组互评及自我评价表

班级：　　　　　　　　学年第　学期　　　　　　　教师：

作品名称：　　　　　　　　　　　　　　　　　　团队名称：

小组成员：　　　　　　　　　　　　　　　　　　评价人：

姓名	项目作品 (专业知识和技能，满分 100 分，权重 0.7)					合计 (总分/实得分)	方法能力 (满分 15)	社会能力 (满分 15)	项目成绩
	操作规范	素材处理	动画作品	创意设计	作品数量				

注：

综合成绩满分 100 分。其中：

项目作品满分 100 分，权重为 0.7，在合计一览输入总得分和最终得分。

方法能力满分 100 分，权重为 0.15，请直接输入最终得分。

方法能力满分 100 分，权重为 0.15，请直接输入最终得分。

评价表中第一行红色字显示，为自我评价。

附录 3　项目考核教师评价综合成绩登记表

班级：　　　　　　学年第　学期　　　　　教师：

学号	姓名	项目 1	项目 2	项目 3	项目 4	项目 5	项目 6	教师评价综合成绩(取平均分)

附录4 项目考核学生互评综合成绩登记表

班级: 学年第   学期   教师:

学号	姓名	项目1	项目2	项目3	项目4	项目5	项目6	学生评价综合成绩(取平均分)

附录5 项目考核自我评价综合成绩登记表

班级： 学年第 学期 教师：

学号	姓名	项目1	项目2	项目3	项目4	项目5	项目6	自我评价综合成绩(取平均分)

附录 6　综合成绩登记表

班级：　　　　　　　　　学年第　学期　　　　　　　教师：

学号	姓名	教师评价综合成绩 (权重 0.8 总分/实得分)	小组互评综合成绩 (权重 0.1 总分/实得分)	自我评价综合成绩 (权重 0.1 总分/实得分)	综合成绩

注：项目考核综合成绩由教师评价、小组互评、自我评价三项成绩按照权重计算得出。

附录 7　常用快捷键

一、工具

箭头工具【V】

部分选取工具【A】

线条工具【N】

套索工具【L】

钢笔工具【P】

文本工具【T】

椭圆工具【O】

矩形工具【R】

铅笔工具【Y】

画笔工具【B】

任意变形工具【Q】

填充变形工具【F】

墨水瓶工具【S】

颜料桶工具【K】

滴管工具【I】

橡皮擦工具【E】

手形工具【H】

缩放工具【Z】、【M】

二、菜单命令

新建 Flash 文件【Ctrl】+【N】

打开 Flash 文件【Ctrl】+【O】

作为库打开【Ctrl】+【Shift】+【O】

关闭【Ctrl】+【W】

保存【Ctrl】+【S】

另存为【Ctrl】+【Shift】+【S】

新建元件【Ctrl】+【F8】

元件转换为散件【Ctrl】+【B】

导入【Ctrl】+【R】

导出影片【Ctrl】+【Shift】+【Alt】+【S】

发布设置【Ctrl】+【Shift】+【F12】

发布预览【Ctrl】+【F12】

发布【Shift】+【F12】

打印【Ctrl】+【P】

退出 Flash【Ctrl】+【Q】

撤销命令【Ctrl】+【Z】

剪切到剪贴板【Ctrl】+【X】

拷贝到剪贴板【Ctrl】+【C】

粘贴剪贴板内容【Ctrl】+【V】

粘贴到当前位置【Ctrl】+【Shift】+【V】

清除【退格】

复制所选内容【Ctrl】+【D】

全部选取【Ctrl】+【A】

取消全选【Ctrl】+【Shift】+【A】

剪切帧【Ctrl】+【Alt】+【X】

拷贝帧【Ctrl】+【Alt】+【C】

粘贴帧【Ctrl】+【Alt】+【V】

清除贴【Alt】+【退格】

选择所有帧【Ctrl】+【Alt】+【A】

新建空白帧【F5】

新建关键帧【F6】

删除帧【Shift】+【F5】

删除关键帧【Shift】+【F6】

转换为关键帧【F6】

转换为空白关键帧【F7】

编辑元件【Ctrl】+【E】

首选参数【Ctrl】+【U】

转到第一个【HOME】

转到前一个【PGUP】

转到下一个【PGDN】

转到最后一个【END】

放大视图【Ctrl】+【+】

缩小视图【Ctrl】+【-】

100%显示【Ctrl】+【1】

缩放到帧大小【Ctrl】+【2】

全部显示【Ctrl】+【3】

按轮廓显示【Ctrl】+【Shift】+【Alt】+【O】

高速显示【Ctrl】+【Shift】+【Alt】+【F】

消除锯齿显示【Ctrl】+【Shift】+【Alt】+【A】

消除文字锯齿【Ctrl】+【Shift】+【Alt】+【T】

显示隐藏时间轴【Ctrl】+【Alt】+【T】

显示隐藏工作区以外部分【Ctrl】+【Shift】+【W】

显示隐藏标尺【Ctrl】+【Shift】+【Alt】+【R】